无机及分析化学实验

主　编　冯炎龙

副主编　吕健全

ZHEJIANG UNIVERSITY PRESS
浙江大学出版社

内容简介

本书系统介绍了无机化学、分析化学及林业化学常用的实验技术和方法,详细介绍了仪器洗涤及干燥,基本度量仪器的使用以及滴定分析的基本操作,分析天平、pH和分光光度计等仪器的使用及数据处理的基本知识。实验部分涉及操作训练和制备实验、化学常数的测定、性质和定性分析实验、物质的定量分析和设计性实验,涵盖了基本操作、滴定分析、仪器分析、分离提取实验和综合设计性实验。

本书适用于农林院校各有关专业的教学,也可供各类院校水产、医学、轻工等的师生教学参考。

图书在版编目(CIP)数据

无机及分析化学实验/冯炎龙主编. —杭州:浙江大学出版社,2013.8(2024.9重印)
ISBN 978-7-308-11868-2

Ⅰ.①无… Ⅱ.①冯… Ⅲ.①无机化学—化学实验—高等学校—教材②分析化学—化学实验—高等学校—教材 Ⅳ.①O61-33②O652.1

中国版本图书馆CIP数据核字(2013)第170852号

无机及分析化学实验
主编　冯炎龙

责任编辑	邹小宁	
文字编辑	王　蕾	
封面设计	朱　琳	
出　版	浙江大学出版社	
	(杭州市天目山路148号　邮政编码310007)	
	(网址:http://www.zjupress.com)	
排　版	杭州教联文化发展有限公司	
印　刷	杭州捷派印务有限公司	
开　本	710mm×1000mm　1/16	
印　张	9.5	
字　数	187千	
版印次	2013年8月第1版　2024年9月第2次印刷	
书　号	ISBN 978-7-308-11868-2	
定　价	27.00元	

前　言

本书按照高等农林院校无机及分析化学实验的基本要求,适用于农林院校各有关专业的教学,也可供各类院校水产、医学、轻工等的师生教学参考。

本书共包含二十六个实验,内容包括无机化学、分析化学、林业化学和林产化工等方面,并增加了设计性实验。在编写过程中结合了近年来学生的开放性实验项目,大学生课外科技创新项目与教师科研项目等工作,将最新的研究成果编写成相应的实验内容。使学生更快地掌握科学研究和生产实践的思想方法和基本技能。

本书的术语、符号、计量单位均采用我国目前的法规,一些文献资料中常见的非法定计量单位也收于附录,以便查阅。

本书基础知识及数据部分:第1章执笔人王志坤,第2章执笔人吕健全,第3章执笔人郭建忠。实验部分:实验一至三、二十四至二十六执笔人胡智燕,实验四至八执笔人白丽群,实验九、十执笔人冯炎龙,实验十一至十四执笔人刘力,实验十五至十六执笔人吕健全,实验十七至十八执笔人郭建忠,实验十九至二十一执笔人李兵,实验二十二至二十三执笔人王志坤。本书由冯炎龙整理统稿。

由于编者水平有限,本书定有不足与错误之处,欢迎各位老师和同学批评指正。

编者

2013 年 6 月

目　录

第1章　化学实验基本知识 ······················1

1.1　实验室规则 ······················1

1.2　实验安全守则 ······················1

1.3　实验中意外事故的处理 ······················2

1.4　实验室"三废"的处理 ······················3

1.5　化学试剂和实验用水 ······················4

第2章　化学实验基本操作 ······················7

2.1　仪器的洗涤与干燥 ······················7

2.2　基本度量仪器的使用和滴定分析的基本操作 ······················8

2.3　加热与冷却 ······················16

2.4　药品的取用方法 ······················20

2.5　溶解、蒸发和浓缩 ······················21

2.6　结晶和重结晶 ······················22

2.7　沉淀的分离、洗涤、烘干和灼烧 ······················22

2.8　干燥器的使用 ······················28

2.9　托盘天平的使用 ······················29

2.10　分析天平的使用 ······················30

2.11　酸度计的使用 ······················35

2.12　722型分光光度计的使用 ······················38

第3章　实验数据处理 ······················42

3.1　测量误差与偏差 ······················42

3.2　有效数字 ······················46

3.3　基础化学实验中的数据的表达方法 ······················48

3.4　实验预习、实验记录和实验报告 ······················49

第4章　无机及分析化学实验 ······················51

实验一　分析天平的称量练习 ······················51

实验二　氯化钠的提纯 ······················54

实验三　硫酸亚铁铵的制备及组成分析 ······················56

实验四　碳酸氢钠的制备 ································ 59

实验五　化学反应速率的测定 ·························· 61

实验六　电位法测定醋酸解离常数 ···················· 64

实验七　电离平衡和缓冲溶液 ·························· 66

实验八　盐类水解与沉淀–溶解平衡 ·················· 69

实验九　氧化还原反应 ································ 72

实验十　配位化合物的性质 ···························· 75

实验十一　酸碱标准溶液的配制和比较滴定 ············ 79

实验十二　盐酸标准溶液浓度的标定 ·················· 82

实验十三　NaOH溶液的标定 ························ 84

实验十四　食碱中总碱度的测定 ······················ 86

实验十五　EDTA标准溶液的配制和标定 ············ 88

实验十六　水的硬度测定(配位滴定法) ·············· 90

实验十七　高锰酸钾标准溶液的配制与标定 ············ 92

实验十八　高锰酸钾法测定过氧化氢含量 ·············· 95

实验十九　亚铁盐中亚铁含量的测定(重铬酸钾法) ······ 97

实验二十　$Na_2S_2O_3$标准溶液的配制及标定 ··········· 99

实验二十一　胆矾中铜的测定(碘量法) ············· 101

实验二十二　莫尔法测定氯化物中氯含量 ············· 103

实验二十三　邻菲啰啉测定铁(分光光度法) ········· 105

实验二十四　化肥中含氮量的测定 ··················· 107

实验二十五　竹醋液中总酸度的测定 ················· 109

实验二十六　维生素C含量的测定 ··················· 111

附　录 ·· 113

参考文献 ·· 146

第1章　化学实验基本知识

1.1　实验室规则

实验室规则是人们从长期的实验室工作经验和教训中归纳总结出来的，它可以保持正常的实验环境和工作秩序，防止意外事故发生。遵守实验室规则是做好实验的前提和保障，大家必须严格遵守。

（1）实验前一定要做好预习和实验准备工作，明确实验目的，了解实验的基本原理、方法和注意事项。

（2）遵守纪律，不迟到，不早退，保持肃静，不准大声喧哗，不得到处乱走。

（3）实验时集中精神，认真操作，仔细观察，积极思考，详细做好实验记录。

（4）爱护国家财产，小心使用仪器和实验设备，注意节约使用水、电和煤气。实验中使用自己的仪器，不得随意动用他人的仪器，公用仪器使用完毕后应洗净，放回原处。如有损坏，必须及时登记补领。

（5）实验仪器应整齐地摆放在实验台上，保持台面的清洁。实验中产生的废纸、火柴梗和碎玻璃等应倒入垃圾箱内，酸碱废液必须小心倒入废液缸内。

（6）按规定用量取用药品，注意节约。取药品时要小心，不要撒落在实验台上。药品自瓶中取出后，不能再放回原瓶中。称取药品后，应及时盖好瓶盖，放在指定地方的药品不得擅自拿走。

（7）使用精密仪器时，必须严格按照操作规程操作，操作中要细心谨慎，避免粗心大意，损坏仪器。如发现仪器有故障，应立即停止使用，报告教师，及时排除故障。

（8）加强环境保护意识，采取积极措施，减少有毒气体和废液对大气、水和环境的污染。产生有毒气体的实验应在通风橱内进行。

（9）实验完成后，应将自己所用仪器洗净并整齐摆放在实验柜内，并将实验台和试剂架擦净。

（10）实验结束后，值日生负责打扫和整理实验室，关闭水、电和煤气，并关上窗户。经教师检查合格后，值日生方可离开实验室，顺便把垃圾倒入垃圾箱。

（11）根据原始记录，严肃认真地写出实验报告，准时交给指导老师。

1.2　实验安全守则

化学实验用到的药品中，有的是易燃、易爆品，有的具有腐蚀性和毒性。

因此,实验中要特别注意安全,将"安全"放在首位。实验室,首先,必须在思想上重视实验安全,决不能麻痹大意。其次,在实验前应了解仪器的性能、药品的性质以及实验中应注意的安全事项。在实验过程中,应集中精力,严格遵守实验安全守则,防止意外事故的发生,确保实验正常进行。

(1)使用易燃、易爆的物质要严格遵守操作规程,取用时必须远离火源,用后把瓶塞塞严,于阴凉处保存。

(2)一切涉及有毒、有刺激性或有恶臭气味物质(如硫化氢、氟化氢、氯气、一氧化碳、二氧化硫、二氧化氮等)的实验,必须在通风橱中进行。需要借助嗅觉判别少量的气体时,决不能直接用鼻子对着瓶口或管口,而应该用手将气体轻轻扇向自己,然后再嗅。

(3)加热、浓缩液体时,不能俯视加热的液体,加热的试管口不能对着自己或别人。浓缩液体时,要不停搅拌,避免液体或晶体溅出而受到伤害。倾注有腐蚀性的液体或加热有腐蚀性的液体时,液体容易溅出。

(4)使用酒精灯时,盛酒精的量不能超过其容量的2/3。酒精灯要随用随点燃,不用时马上盖上灯罩。不可用点燃的酒精灯去点燃别的酒精灯,以免酒精流出而失火。

(5)有毒药品(如重铬酸钾、钡盐、铅盐、砷的化合物、汞及汞的化合物、氰化物等)不得误入口内或接触伤口。氰化物不能碰到酸(氰化物与酸作用放出无色无味的HCN气体,剧毒! 要特别小心!)。剩余的产(废)物及金属等不能倒入下水道,应倒入指定的回收容器内集中处理。

(6)浓酸、浓碱具有强腐蚀性,切勿溅在皮肤、眼睛或衣服上。稀释时应在不断搅拌(必要时加以冷却)下将它们慢慢加入水中混合,特别是稀释浓硫酸时,应将浓硫酸慢慢加入水中,边加边搅拌,千万不可将水加入浓硫酸中。

(7)金属汞易挥发,并可通过呼吸道进入人体,逐渐积累会引起慢性中毒。所以做金属汞的实验时应特别小心,不得把金属汞洒落在桌上或地上。若不小心洒落,必须尽可能收集起来,并用硫磺粉撒在洒落汞的地方,让金属汞转变成不挥发的硫化汞。

(8)玻璃管切断后,应将断口熔烧圆滑,玻璃碎片要放入回收容器内,决不能丢在地面或实验台上。

(9)点燃的火柴用后应立即熄灭,放入废物缸内,不得乱扔。

(10)严禁在实验室内饮食、吸烟,或把食具带进实验室,化学实验药品禁止入口,实验完毕应洗手,同时不得将实验室的化学药品带出实验室。

1.3 实验中意外事故的处理

实验过程中,如发生意外事故,要保持冷静,可采取如下救护措施:

（1）遇玻璃或金属割伤。伤口处不能用手抚摸，也不能用水洗涤。若是玻璃割伤，应先把碎玻璃从伤处挑出。轻伤可涂擦紫药水（或红汞、碘酒），必要时撒些消炎粉或敷些消炎膏，再用绷带包扎。

（2）遇烫伤。不要用冷水洗涤伤口处。伤口处皮肤未破时，可涂擦饱和碳酸氢钠溶液或用碳酸氢钠粉调成糊状敷于伤处，也可抹獾油或烫伤膏，如果伤处皮肤已破，可涂些紫药水或高锰酸钾溶液。

（3）遇酸腐蚀致伤。先用大量水冲洗，再用饱和碳酸氢钠溶液（或稀氨水、肥皂水）洗，最后再用水冲洗。如果酸液溅入眼中，用大量水冲洗后送校医院处理。

（4）遇碱腐蚀致伤。先用大量水冲洗，再用质量分数2%的醋酸溶液或饱和硼酸溶液洗，最后用水冲洗。如果碱液溅入眼中，用硼酸溶液冲洗。

（5）遇溴腐蚀致伤。用苯或甘油洗伤口，再用水洗。

（6）遇吸入刺激性或有毒气体。吸入氯气、氯化氢气体时，可吸入少量酒精和乙醚的混合蒸气使之解毒。吸入硫化氢或一氧化碳气体而感到不适时，应立即到室外呼吸新鲜空气。需要指出的是，氯气、溴中毒不可进行人工呼吸，一氧化碳中毒不可用兴奋剂。

（7）遇毒物进入口内。将5～10mL稀硫酸铜溶液加入一杯温水中，内服后，用手指伸入咽喉部，促使呕吐，吐出毒物，然后立即送医院。

（8）遇触电。首先切断电源，然后用干燥木棒或竹竿使触电者与电源脱离，在必要时可进行人工呼吸。

（9）遇起火。应立即设法灭火，并采取措施防止火势蔓延，可采取切断电源、移走易燃药品等措施。灭火时要根据起火原因选用合适的方法。一般的小火可用湿布、石棉布或沙子覆盖燃烧物。火势大时可使用泡沫灭火器。但电器设备所引起的火灾，只能使用二氧化碳或四氯化碳灭火器灭火，不能使用泡沫灭火器，以免触电。实验人员衣服着火时，切勿惊慌乱跑，应赶快脱下衣服，用水浇灭，或用石棉布覆盖着火处。无论何种原因起火，必要时应及时通知消防部门来灭火。

1.4　实验室"三废"的处理

在化学实验室中会遇到各种有毒的废渣、废液和废气（简称三废），如不加处理随意排放，就会对周围的环境、水源和空气造成污染，形成公害。三废中的有用成分，不加回收，在经济上也是个损失。通过处理，消除公害、变废为宝并综合利用，也是实验室工作的重要组成部分。

1. 废渣处理

有回收价值的废渣应收集起来统一处理，回收利用，少量无回收价值的有毒废渣也应集中起来分别处理或深埋于离水源远的指定地点。

2. 废液处理

（1）废酸液。用耐酸塑料网纱或玻璃纤维过滤，滤液用石灰或碱中和，调pH值至6～8后就可排出。少量的滤渣可埋于地下。

（2）废铬酸洗液。用高锰酸钾氧化法使其再生，继续使用。方法是：先在110～130℃下不断搅拌加热浓缩，除去水分后，冷却至室温，缓缓加入高锰酸钾粉末，每1000mL中加入10g左右，直至溶液呈深褐色或微紫色（注意不要加过量），边加边搅拌，然后直接加热至有三氧化硫出现，停止加热。稍冷，通过玻璃砂芯漏斗过滤，除去沉淀，冷却后析出红色三氧化铬沉淀，再加适量硫酸使其溶解即可使用。少量的洗液可加入废碱液或石灰使其生成氢氧化铬沉淀，将废渣埋于地下。

（3）氰化物废液。少量的含氰废液可先加氢氧化钠调至pH值大于10，再加入少量高锰酸钾使CN⁻氧化分解。量大的含氰废液可用碱性氯化法处理，方法是：先用碱调至pH值大于10，再加入漂白粉，使CN⁻氧化成氰酸盐，并进一步分解为二氧化碳和氮气，再将溶液pH调到6～8后排放。

（4）含汞废水。先加氢氧化钠调pH值至8～10后，加适当过量的硫化钠，生成硫化汞沉淀，同时加入硫酸亚铁生成硫化亚铁沉淀，从而吸附硫化汞，使其沉淀下来。静置后分离，再离心过滤，清液中的含汞量降到0.02mg·L⁻¹以下，可直接排放。少量残渣可埋于地下，大量残渣需要用焙烧法回收汞，但要注意，一定要在通风橱内进行。

（5）含砷废水。将石灰投入含砷废水中，使其生成难溶的砷酸盐和亚砷酸盐。

（6）含重金属离子的废液。加碱或加硫化钠把重金属离子变成难溶性的氢氧化物或硫化物而沉积下来，并过滤分离，少量残渣可埋于地下。

3. 废气处理

产生少量有毒气体的实验，可在通风橱内进行，通过排风设备将少量有毒气体排到室外，以免污染室内空气。产生毒气量较大的实验，必须备有吸收或处理装置。如二氧化氮、二氧化硫、氯气、硫化氢、氟化氢等可用碱溶液吸收；一氧化碳可直接点燃使其转为二氧化碳。

1.5　化学试剂和实验用水

1. 化学试剂

试剂的纯度对实验结果准确度的影响很大，不同的实验，对试剂纯度的要求也不相同。我国国家标准是根据试剂的纯度和杂质含量，将试剂分为五个等级,并规定了试剂包装的标签颜色及应用范围,如表1-1所示。

表1-1　化学试剂的规格及用途

级　　别	中文名称	英文符号	标签颜色	应用范围
一级品	优级纯(保证试剂)	G.R.	绿	精密分析实验
二级品	分析纯(分析试剂)	A.R.	红	一般分析实验
三级品	化学纯	C.P.	蓝	一般化学实验
四级品	实验试剂	L.R.	黄	工业或化学制备
五级品	生物试剂	B.R.	咖啡色或玫瑰红	生化及医化实验

指示剂属于一般试剂。此外,还有标准试剂、高纯试剂、专用试剂等。

按规定,试剂瓶口标示试剂名称、化学式、摩尔质量、级别、技术规格、产品标准号、生产许可证号(部分常用试剂)、生产批号、厂名等。危险品和毒品还应给出相应的标志。

试剂应保存在通风、干燥、洁净的房间里,以防止污染或变质。氧化剂、还原剂应密封、避光保存;易挥发和低沸点试剂应置于低温阴暗处;易侵蚀玻璃的试剂应保存于塑料瓶内;易燃易爆试剂应有安全措施;剧毒、制毒、易制毒品应由专人妥善保管,用时严格登记。

在实验室中分装化学试剂时,一般把固体试剂装在广口瓶内,液体试剂或配制的溶液则盛放在细口瓶或滴瓶中,见光易分解的试剂(如硝酸银等)则应盛放在棕色瓶内,盛碱液的细口瓶用橡皮塞。

2. 实验用水

化学实验室对水的质量有一定的要求。纯水是最常用的纯净溶剂和洗涤剂,应根据实验要求选用不同规格的水。实验室用水分为三级,如表1-2所示。

表1-2　实验室用水的级别及主要指标

指标名称	一级	二级	三级
pH值范围(298K)	—	—	5.0～7.5
电导率(298K)($mS \cdot m^{-1}$)	≤0.01	≤0.10	≤0.50
吸光度(254nm,1cm光程)	≤0.001	≤0.01	—
二氧化硅含量($mg \cdot cm^{-1}$)	<0.02	<0.05	—

(1)一级水用于有严格要求的分析实验,包括对微粒有要求的实验,如高效液相色谱分析用水。用二级水经过石英设备蒸馏或离子交换混合床处理后,再经0.2μm微孔滤膜过滤来制取,处理后的水基本上不含有溶解或胶态离子杂质及有机物。

(2)二级水用于无机痕量分析实验,如原子吸收光谱分析、电化学分析实验等。可用离子交换法或将三级水再次蒸馏等方法制取,可含有微量的无机、有机或胶态杂质。

　　(3)三级水用于一般的化学分析实验。制备分析实验用水的原水应当是饮用水或其他适当纯度的水。用蒸馏、去离子(离子交换及电渗析法)或反渗透等方法制取。

第2章 化学实验基本操作

2.1 仪器的洗涤与干燥

1. 仪器的洗涤

化学实验中经常使用的玻璃仪器和瓷器,常常由于污物和杂质的存在而得不出正确的结果。因此,在进行化学实验时,必须把仪器洗涤干净。玻璃仪器的洗涤方法很多,应根据实验的要求、污物的性质、沾污程度来选择。常用的洗涤方法如下:

(1)用水刷洗。用水和毛刷刷洗,再用自来水冲洗几次,可除去附在仪器上的尘土、可溶性和不溶性杂质。注意洗刷时不能用秃顶的毛刷,也不能用力过猛,否则会戳破仪器。

(2)用去污粉、肥皂洗。去污粉由碳酸钠、白土、细砂等组成,它与肥皂、合成洗涤剂一样,能去除油污和一些有机物。由于去污粉中细砂的摩擦和白土的吸附作用,使得洗涤的效果更好。洗涤时,可用少量水将要洗的仪器润湿,用毛刷蘸取少量去污粉刷洗仪器的内外壁,最后用自来水冲洗。

(3)用去污粉、洗衣粉、洗涤剂洗。这些洗涤剂可以洗去油污和有机物质。若油污和有机物质仍然洗不干净,可用热的碱液洗。

(4)用铬酸洗液洗。铬酸洗液是由浓硫酸和重铬酸钾配制而成的,具有很强的氧化性,对有机物和油污的去污能力特别强。用铬酸洗液洗涤时,可往仪器内加入少量洗液,使仪器倾斜并慢慢转动,让仪器内部全部被洗液润湿,转动仪器几圈后将洗液倒回原瓶,然后用自来水清洗仪器。使用铬酸洗液时要注意被洗涤的仪器内不宜有水,以免洗液被冲淡或变绿而失效。洗液具有很强的腐蚀性和毒性,会灼伤皮肤和破坏衣物,使用时应当注意安全。如不慎洒在皮肤、衣服或实验桌上,应立即用水冲洗。能用一般洗涤剂洗净的器皿,尽量不要选用洗液洗涤。

(5)用特殊的试剂洗。应根据沾在器壁上污物的性质,采用合适的方法或药品来处理。例如,沾在器壁上的二氧化锰用浓盐酸处理;$AgCl$沉淀可以用氨水洗涤;硫化物沉淀可选用硝酸加盐酸洗涤等等。

用上述各种方法洗涤后的仪器,经自来水多次、反复冲洗后,往往还留有Ca^{2+}、Mg^{2+}、Cl^-等离子。如果实验中不允许这些离子存在,应该再用蒸馏水或去离子水把它们洗去,洗涤时应遵循"少量多次"的原则,一般以洗三次为宜。

已经洗干净的仪器应清洁透明,当把仪器倒置时,可观察到器壁上只留下一层均匀的水膜而不挂水珠,则表示仪器已经洗净。

已洗净的仪器内壁,决不能再用布或纸去擦拭,否则,布或纸的纤维将会留在仪器壁上而沾污仪器。

2. 玻璃仪器的干燥

可根据不同的情况,采用下列方法将洗净的仪器干燥。

(1)晾干。不急用的仪器在洗净后,可倒置在干净的实验柜内或仪器架上任其自然干燥。

(2)烤干。烧杯、蒸发皿等可放在石棉网上用小火烤干。试管可以用试管夹夹住后在火焰上来回移动,但管口必须向下倾斜,以免水珠倒流炸裂试管,待烤到不见水珠后,将管口朝上赶尽水气,如图2-1所示。

(3)烘干。将洗净的仪器尽量倒干水后放入烘箱内烘干,如图2-2所示。放入烘箱前要先把水沥干,放置仪器时,仪器的口应朝下。

　　　　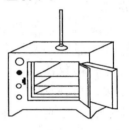

图2-1　烤干试管　　　　　　　　图2-2　电烘箱

(4)吹干。用吹风机或气流烘干器把仪器吹干。

(5)用有机溶剂干燥。带有刻度的计量仪器,不能用加热的方法进行干燥,一般可采用晾干或有机溶剂干燥的方法,吹风时宜用冷风,因为加热会影响这些仪器的准确度。也可以加一些易挥发的有机溶剂(常用乙醇或丙酮)到洗净的仪器中倾斜并转动仪器,使器壁上的水与有机溶剂互相溶解,然后倒出,仪器中少量的混合液很快挥发而干燥。如利用电吹风往仪器内吹风,则干得更快。

2.2　基本度量仪器的使用和滴定分析的基本操作

1. 量筒

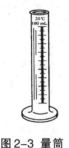　　　　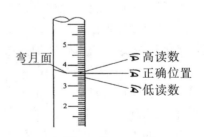

弯月面　　　高读数
　　　　　正确位置
　　　　　低读数

图2-3　量筒　　　　　　　　图2-4　量筒刻度读数

量筒(见图 2-3)是化学实验中最常使用的度量液体的仪器之一,常见量筒的容量有 10mL、20mL、50mL、100mL、500mL 等,可根据需要来选用。量取液体时,应用左手持量筒,并以大拇指指示所需体积的刻度处,右手持试剂瓶,将液体小心倒入量筒内。读取刻度时,应让量筒垂直,使视线与量筒内液面的弯月形最低点处于同一水平面上,偏高或偏低都会产生误差。量筒不能作反应器,也不能装热的液体。

2. 滴定管

滴定管是用来进行滴定的器皿,用于测量在滴定中所用溶液的体积。滴定管是一种细长、内径均匀且具有刻度的玻璃管,管的下端有玻璃尖嘴(见图 2-5),有 25mL、50mL 等不同的容积。50mL 滴定管就是把滴定管分成 50 等分,每一等分为 1mL,1mL 中再分 10 等分,每一小格为 0.1mL,读数时,在每一小格间可再估计出 0.01mL。

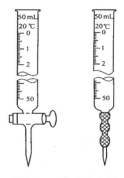

滴定管一般分为两种,一种是酸式滴定管,另一种是碱式滴定管。各有白色、棕色之分。酸式滴定管的下

图 2-5 酸碱滴定管

端有玻璃活塞,可盛放酸液或氧化性溶液,不能盛放碱液,因为碱液会腐蚀玻璃,使活塞不能转动。盛放碱液时要用碱式滴定管,它的下端连接一橡皮管,内放一个比橡皮管管径稍大的玻璃珠作为开关以控制溶液的流出,橡皮管下端再连一尖嘴玻管,这种滴定管不能盛放会腐蚀橡皮的溶液,例如酸或氧化性溶液等。

滴定管洗涤在洗涤前,应检查酸式滴定管的玻璃活塞与塞槽是否符合,活塞转动是否灵活。碱式滴定管下端连接一段橡皮管的粗细、长度是否适当,橡皮管的内管径应稍小于玻璃珠的直径,玻璃珠应圆滑,橡皮管应有弹性,否则难以紧固玻璃珠,操作时易上下移动而影响滴定。滴定管在用前必须仔细洗涤,当没有明显污物时,可以直接用自来水冲洗,或用滴定管刷蘸肥皂水刷洗(注意滴定管刷的刷毛必须相当软,刷头的铁丝不能露出,也不能向旁边弯曲,以免刷伤内壁),然后再用自来水洗去肥皂水。洗刷后的滴定管,应将其直立,使水流尽,若滴定管的内壁透明并不附着液滴,表示已洗净。洗净后,滴定管用蒸馏水涮洗三次,第一次用蒸馏水 10mL,第二次及第三次各用蒸馏水 5mL。每次加入蒸馏水后,边转边向管口倾斜使蒸馏水布满全管,并稍振荡,将管直立,使水流尽。

用肥皂洗刷不干净时,可用洗液洗涤。用洗液洗涤酸式滴定管时,洗涤前,活塞必须先关闭,倒入洗液 5~10mL,一手拿住滴定管上端无刻度部分,一手拿住活塞上部无刻度部分边转边向上管口倾斜,使洗液布满全管。立起后打开活塞使洗液从出口处放回原来洗液瓶中,在内壁相当脏时,需要洗液充满滴定管(包括活塞下部出口管),浸数分钟以至数小时(根据滴定管沾污的程度)。如果用洗液洗碱式滴定时,可以去掉其尖嘴把滴定管倒立浸在装有洗液约100mL的烧杯中或直接倒立浸在原装有洗液约100mL以上的洗液瓶中,滴定管下端的胶皮管(现在向上)连接抽气泵,稍微打开抽气泵,把洗液吸上,直到充满全管,用弹簧夹夹住胶皮管(不用抽气泵吸气,可改用橡皮球或洗耳球吸气)。如此放置数分钟至数小时(根据滴定管沾污的程度)后,打开弹簧夹,放出洗液,碱式滴定管下端尖嘴单独用洗液洗(注意,洗液应倒回原装瓶中),取出滴定管先用自来水充分冲洗滴定管内外壁,以洗去洗液。为了使碱式滴定管下端橡皮管内玻璃珠充分洗净,从尖嘴放水时,用拇指与食指用力捏橡皮管及玻璃珠四周,并且随放随转,使残余的洗液全部冲洗下。滴定管装满水再放出时,内壁全部为一层薄水膜湿润而不挂水珠即可。这个标准应在用自来水冲洗时就达到。滴定管外壁亦应清洁。

在用自来水洗涤后,应检查滴定管是否漏水。检查酸式滴定管时,把玻璃活塞关闭,用水充满至"0"刻度线以上,直立约2min,仔细观察有无滴水滴下,有无水由活塞隙缝渗出。然后将活塞转180°,再如此直立1～2min后观察有无水滴滴下或从活塞隙缝渗出。如果检查碱式滴定管,只需装水直立2min即可。

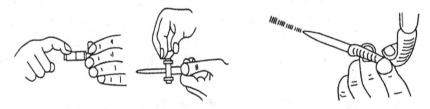

图2-6　旋塞涂油　　　　　图2-7　碱式滴定管排气泡

如果发现漏水或酸式滴定管活塞转动不灵时,把酸式滴定管取下,将活塞涂油,碱式滴定管则需换玻璃珠或橡皮管。活塞涂油时,把滴定管平放在桌面上,先取下活塞上的橡皮圈,再取下活塞(拿在手上、放在干净的表面皿或滤纸上均可),用滤纸把活塞,活塞套、活塞槽内的水吸干,用手指粘少量凡士林擦在活塞两头,沿玻璃塞两端圆周各涂一薄层(见图2-6),但要避免涂得太多,尤其是在孔的近旁,油层要均匀涂满全圈,要尽可能薄些。涂完以后将活塞一直插入塞套中(不要转着插),插活塞时孔应与滴定管孔平行。然后向一个方向转动活塞,直到内外面观察时全部都透明为止。如果发现旋转不灵活,或出现纹路,表示涂油太多。遇到这些情况,都必须重新涂油。注意在套橡皮圈时,应将该滴定管放在桌上,一手顶住活塞大头,一手套橡皮圈或系橡皮圈,以免将活塞顶出。然后再用前面所介绍的方法检查是否漏水。

按前述方法用自来水冲洗干净以后,分别用蒸馏水和标准溶液各洗涤两到三次。用标准溶液涮洗时,第一次用10mL,第二次及第三次各用5mL。每次加入溶液后,也是边转边向管口倾斜使溶液布满全管,直立以后,打开活塞使溶液从管尖口放出。在放出时一定尽可能完全放尽,然后再洗第二次。以此除去留在内壁及活塞处的蒸馏水,以免加入管内的标准溶液被留在管壁上的蒸馏水冲稀。但要特别注意,在装入标准溶液之前应先将试剂瓶中的标准溶液摇匀,使凝结在试剂瓶内壁的水混入溶液中(这在天气比较热或室温变化较大时更有必要),混匀后,溶液应从试剂瓶中直接倒进滴定管,而不要经过其他器皿(如烧杯、漏斗、滴管等)。一定要注意,不要使溶液从试剂瓶移到滴定管时改变它的浓度。

装滴定用的溶液将标准溶液(或滴定用的溶液)装入滴定管时,要预先将试剂瓶中的标准溶液摇匀,使凝结在瓶内壁上的水混入溶液,混匀。用左手三指拿住滴定管上部无刻度处(如果拿住有刻度的地方,会因管子受热膨胀而造成误差),滴定管可稍微倾斜以便接受溶液;小瓶可以手握瓶肚(瓶签向手心)拿起来慢慢倒入,大瓶则放在桌上,手拿瓶颈,使瓶慢慢倾斜。应使溶液慢慢顺内壁流入,直到溶液充满到0刻度以上为止。这时,滴定管的出口尖嘴内还没有充满溶液,为了使其完全充满,在使用酸式滴定管时,右手拿住滴定管上无刻度处,滴定管倾斜约$10° \sim 30°$,左手迅速打开活塞使溶液流出,从而充满全部出口尖嘴部分。这时出口管不能留有气泡或未充满部分,如有这种情况发生,再迅速打开活塞使溶液冲出。如果这样的办法未能使溶液充满,就可能是由于出口管没有洗干净或涂凡士林时沾染出口管。在使用碱式滴定管时,充满溶液后将滴定管用滴定管夹垂直地夹在铁架上,左手轻轻捏住玻璃珠附近的橡皮管,使橡皮管与玻璃珠间形成一条隙缝,使溶液冲出而充满出口管尖嘴部分。对光检查橡皮管管内及出口管内是否有未充满的地方或有气泡,如果有,则按下述方法赶去气泡,把橡皮管往上弯曲,出口斜向上。用两手挤压玻璃珠所在处,有溶液从出口管喷出,这时仍一边挤橡皮管,一边把橡皮管放直,一般说来,这种方法可以完全驱去气泡(见图2-7)。然后将溶液调整至"0"刻度即可使用。

滴定管读数读取滴定管容积刻度的数值,称为读数。正确地读数是减少容量分析实验误差的重要措施。读数时应遵守下列规则:

(1)读数前应观察,管壁是否挂有水珠,管内的出口尖嘴处有无悬挂液滴,管嘴是否有气泡。

(2)读数时应把滴定管从滴定管架上取下,用右手大拇指和食指捏住管上部无刻度部位,使滴定管自然垂直,然后读数。每次装入溶液或放出溶液后,应等$1 \sim 2$min,待附着在管内壁的溶液流下后再读数。

（3）对于无色和浅色溶液,应读取弯月面下缘实线的最低点,视线应与弯月面下缘实线的最低点相切。为了便于观察和读数,可在滴定管后衬一张"读数卡",此卡由贴有黑纸或涂有黑色长方形(约3cm×1.5cm)的白纸板制成。读数时,把读数卡放在滴定管的背后,使黑色部分在弯月面下约1cm处,此时可看到弯月面的反射层全部成为黑色,然后读此黑色弯月面下缘的最低点(见图2-8)。

（4）对于有色溶液,如$KMnO_4$、I_2溶液等,视线应与液面两侧的最高点相切。若滴定管的背后有一条蓝线或带,无色溶液就形成了两个弯月面,并且相交于蓝线的中线上,读数时读此交点的刻度(见图2-8)。

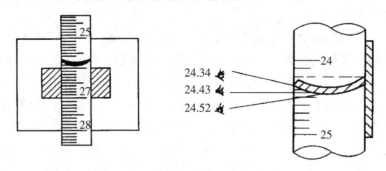

图2-8　滴定管读数

（5）滴定时,最好每次从0.00mL开始,或从"0～5mL"的范围内的任一刻度开始,这样可以减少体积误差。滴定管读数必须准确至0.01mL。

（6）读取的读数立即记录在实验记录本上。

滴定操作使用酸式滴定管时,用左手控制活塞,大拇指在管前,食指和中指在管后,三指轻轻捏住塞柄,无名指和小指向手心弯曲,手心内凹,以防活塞被顶出造成漏液(见图2-9)。滴定时,右手握锥形瓶上部,将滴定管下端伸入锥形瓶口约1cm,然后边滴加溶液边向同一方向摇动锥形瓶。滴定的速度开始时可稍快,一般为每秒3～4滴左右,但不能滴成水线,应呈"见滴成串"。接近终点时,应逐滴加入,即加一滴摇动后再加,马上到达终点时,应控制半滴加入,即将活塞稍稍转动,使半滴悬于管口,用锥形瓶内壁将其沾下,再用洗瓶吹洗内壁,使附着的溶液全部流下,然后摇动锥形瓶。如此继续滴定至滴定终点为止。

使用碱式滴定管时(见图2-10),左手捏住乳胶管,拇指在前,食指在后,其余三指辅助夹住出口管,用拇指和食指捏住玻璃珠中上部,向一边挤压玻璃珠外面的乳胶管,使玻璃珠和乳胶管之间形成一个狭缝,溶液即可流出。注意不要用力捏玻璃珠,也不要使玻璃珠上下移动,更不要捏玻璃珠下部的乳胶管,以免进入空气形成气泡,影响读数。

 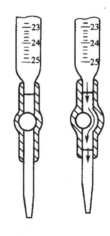

图2-9 酸式滴定管的操作　　　图2-10 碱式滴定管的操作

　　滴定通常在锥形瓶中进行,必要时也可以在烧杯中进行(见图2-11),把烧杯放在实验台上,滴定管的高度应以其下端伸入烧杯内约1cm为宜。滴定管的下端应在烧杯的左后方处,如放在中央,会影响搅拌;如离杯壁过近,滴下的溶液不易搅拌均匀。左手控制滴定管滴加溶液,右手持玻璃棒搅拌溶液。玻璃棒应作圆周搅动,不要碰到杯壁和底部。接近终点加半滴时,可用玻璃棒下端轻轻沾下,再浸入烧杯中搅匀。

3. 容量瓶

　　容量瓶是一个细颈梨形的平底瓶。瓶塞带有磨口玻璃塞,细颈上刻有环形标线,瓶上标有容积(mL)和标定时的温度(一般为20℃),如图2-12所示。在指定的温度下(一般为20℃)当液体充满到标线时,液体体积恰好与瓶上所标的体积相等。容量瓶有 10mL、25mL、50mL、100mL、250mL、1000mL、2000mL 几种规格,并有白、棕两色,棕色的用来配制见光易分解的试剂溶液。

　　容量瓶不能加热,磨口瓶塞是配套的,不能互相调换。容量瓶用于配制准确的一定体积的溶液。也用于标准的浓溶液稀释。

图2-11 在烧杯中滴定

　　在使用容量瓶之前,要选择好容量瓶:

　　(1)要选择与所要求配制的溶液体积相一致的容量瓶。

　　(2)要选择瓶塞与瓶口相符合,不漏水的容量瓶。

　　选好容量瓶后,首先仔细检查有无裂痕破损,然后进一步检查瓶口与瓶塞间是否漏水。检查瓶口与瓶塞间是否漏水,可在瓶中放入自来水到标线附近,将瓶塞塞好,左手拿住容量瓶瓶口并用食指按住塞子,右手指尖顶住瓶底边缘,倒立2min左右,观察瓶塞周围是否有水渗出,如果不漏,把瓶直立,转动瓶塞180°后,再倒立过来试一次。这样做两次检查是必要的,因为有时瓶塞与瓶口不是在任何位置都是密合的。

容量瓶在使用前要充分洗涤干净,无论用什么方法洗,绝对不能用毛刷刷洗内壁。用洗液洗涤时,在容量瓶中倒入大约10～20mL(注意瓶中应尽可能没有水),塞子粘点洗液,塞好瓶塞,翻转瓶子(拿法同前),边转动边向瓶口倾斜,至洗液布满全部内壁,放置数分数,将洗液由瓶口慢慢倒回原来装洗液的瓶中。倒出时,应该边倒边旋转,使洗液在流经瓶颈时,布满全颈。待洗液流尽后,用自来水充分冲洗容量瓶的内外壁和塞子,应遵守少量多次,每次充分振荡以及每次尽量流尽残余的水的洗涤原则,向外倒水时,顺便将瓶塞冲洗。用自来水冲洗后,再用蒸馏水洗3次(洗涤方法同前),可根据容量瓶大小决定蒸馏水的用量,一般是每次蒸馏水的用水量约为容量瓶的容积的1/10。洗涤时,盖好瓶塞,充分振荡,洗完后立即将瓶塞塞好,以免灰尘落入或瓶塞被污染。

图2-12　容量瓶　图2-13　溶液从烧杯中转移入容量瓶　图2-14　混匀操作

用容量瓶配制溶液时,如果是由固体配制准确浓度的溶液(或称标准溶液),一般是将固体物质称在大小适当的干净烧杯中,往其中加入少量的蒸馏水或适当溶剂使之完全溶解。溶解过程不论放热或吸热,都需待溶液至室温时,才能定量地将溶液转入容量瓶中,如图2-13所示。转移时,要把溶液顺玻璃棒加入,玻璃棒下端要靠住瓶颈内壁,使溶液顺内壁流入瓶中。注意玻璃棒下端的位置最好在标线稍低一点的地方,不要高到接近瓶口,玻璃棒稍向瓶中心倾斜,烧杯嘴应靠近瓶口并紧靠玻璃棒,使溶液完全顺玻棒流入瓶内。待溶液全部流尽后,将烧杯轻轻向上提(烧杯嘴口仍应紧靠玻棒),同时直立,使附着在玻璃棒与烧杯嘴之间的一滴溶液流入烧杯中或容量瓶内。然后先把玻璃棒放入烧杯中,才能把烧杯拿开放在桌上,用洗瓶吹水洗涤烧杯内壁和玻璃棒接触到溶液的部分3次,每次用水应尽量少些为宜,每次洗涤的水溶液应无损地转入容量瓶中。然后慢慢加蒸馏水至接近标线稍低1cm左右,停留1～2min,使粘附在瓶颈内壁的水流下后,再用细而长的滴管加蒸馏水恰至标线,这一过程称定容。用滴管加水时,视线要平视标线,然后将滴管伸入瓶颈使管口尽量接近液面,稍向旁倾斜,使水顺壁流下,注意液面上升,滴管应随时提起,勿使溶液接触滴管,直到弯月面下缘最低点与标线相切为止。定容以后,塞好瓶塞。左手拇指在前,中指、无名指及小指在后拿住瓶颈标线以上部分,右手托住瓶底,如图2-14所示。如果容积小于100mL的容量瓶,就不必用右手托住容量瓶瓶底,以免由此造成的温度变化对体积产生较大的影响。将容量瓶倒转,使气泡上升到顶,再充分振荡,如此反复3～5次,即可摇匀。

　　容量瓶不能久贮溶液,尤其是碱性溶液会侵蚀瓶塞,使瓶塞无法打开,配制好溶液后,应将溶液倒入清洁干燥的试剂瓶中贮存。容量瓶不能用火直接加热及烘烤。

4. 移液管、吸量管

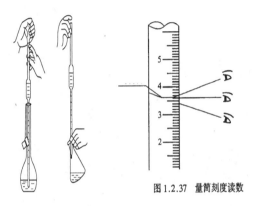

图 1.2.37　量筒刻度读数

图 2-15　移液管和吸量管　　图 2-16　洗涤移液管　　图 2-17　移液管的使用

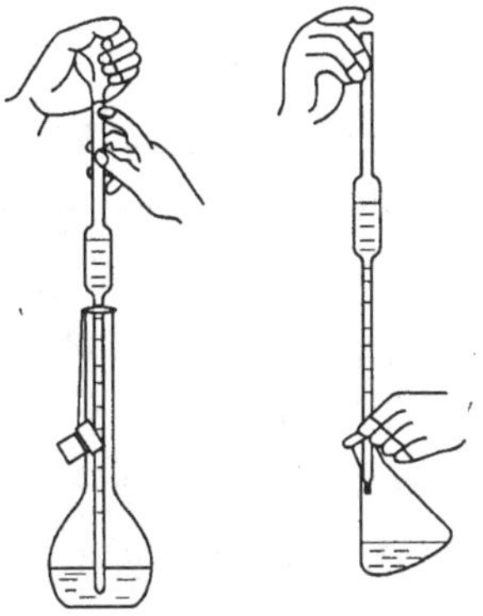

　　用于准确移取一定体积的溶液,通常有两种形状,一种移液管中间有膨大部分,称为胖肚移液管(胖肚吸管),常用的有5mL、10mL、25mL、50mL等几种。另一种是直形的,管上有刻度,称为吸量管(刻度吸管),常用的有1mL、2mL、5mL、10mL等多种,如图2-15所示。

　　用移液管或吸量管移取溶液前,先将用蒸馏水洗净过的移液管或吸量管用少量被移取的溶液涮洗2～3次,以免被移取溶液的浓度发生改变。为此,可倒少许溶液于一洁净而干燥的小烧杯中,用移液管吸取少量溶液,将管横向转动,使溶液流过管内标线下所有的内壁,然后使管直立将溶液由尖嘴口放出,如图2-16所示。

　　吸取溶液时,一般可以用左手拿洗耳球,右手把移液管插入溶液中吸取。当溶液吸至标线以上时,马上用右手食指按住管口,取出移液管,用滤纸擦干下端,并把管尖接触于干净小烧杯壁上。然后转动移液管稍松食指,使液而平稳下降,直至溶液的弯月面与标线相切,立即按紧食指,将移液管垂直放入接受溶液的容器中,管尖与容器壁接触(见图2-17),放松食指,使溶液自由流出,流完后再等15s,残留于管尖的液体不必吹出(刻有"吹"字的移液管例外),因为在校正移液管时,也未把这部分液体体积计算在内。移液管使用后,应立即洗净并放在移液管架上。

5. 碘量瓶

带磨口塞子的锥形瓶称碘量瓶,如图2-18所示。

由于碘液较易挥发而引起误差,因此用碘量法测定时,反应一般在具有玻塞,且瓶口带边的锥形瓶中进行,碘量瓶的塞子及瓶口的边缘都是磨砂的。在滴定时可打开塞子,用蒸馏水将挥发在瓶口及塞子上的碘液冲洗入碘量瓶中。

图2-18 碘量瓶

2.3 加热与冷却

1. 加热装置及使用

在化学实验中,常用酒精灯、酒精喷灯以及各种电加热器等进行加热。

酒精灯

酒精灯为玻璃制品,所用的燃料为酒精。酒精灯的外焰温度为400～500℃,使用酒精灯时要注意:

(1)灯内的酒精不应超过容积的2/3,以免装得太满导致移动酒精灯时酒精倾出,火点燃时酒精受热膨胀溢出。

(2)用火柴点燃酒精灯,不得用燃着的酒精灯引燃。酒精灯熄灭时应用灯罩盖熄灭,不得用嘴吹灭,如图2-19所示。

图2-19 酒精灯

(3)酒精灯不得连续长时间使用,以免火焰使酒精灯本身灼热,灯内酒精大量气化形成爆炸混合物。

酒精喷灯

常用的酒精喷灯有挂式(见图2-20)及座式两种。挂式喷灯的酒精贮存在悬挂于高处的贮罐内,而座式喷灯的酒精则贮存在灯座内。

使用前,先在预热盆中注入酒精,然后点燃盆中的酒精以加热铜质灯管。待盆中酒精将近燃完时开启开关(逆时针转),这时由于酒精在灯管内气化,并与来自气管孔的空气混合。开关阀门可以控制火焰的大小。用毕后,旋紧开关,即可使灯焰熄灭。

应当指出,在开启开关、点燃管口气体以前,必须充分灼热灯管,否则酒精不能全

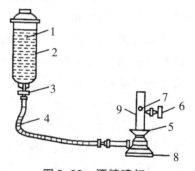

图2-20 酒精喷灯

1—酒精;2—酒精储罐;3—活塞;
4—橡皮管;5—预热盆;6—开关;
7—气孔;8—灯座;9—灯管

部气化,会有液态酒精由管口喷出,可能形成"火雨"(尤其是挂式喷灯),甚至引起火灾。

挂式喷灯不使用时,必须将贮罐开关关好,以避免酒精漏出,甚至因此而发生事故。

煤气灯

煤气灯由灯管和灯座组成(见图 2-21)。灯管的下部设有螺旋和进入空气的气孔,旋转灯管即可控制气孔的大小,从而调节空气的进入量。灯座的侧面为煤气入口,通过橡皮管与煤气管道相连接。灯座下面设有用以调节煤气进入量的螺旋形针形阀。点燃过程:使用煤气灯时,应先顺时针旋转金属灯管关闭空气入口,将点燃的火柴放在灯管口边缘,此时打开煤气开关,煤气灯即点燃。调节空气及煤气进入量,让煤气完全燃烧,即可得到淡紫色分层的正常火焰。

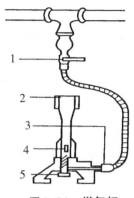

图 2-21　煤气灯
1—煤气开关;2—灯管;3—煤气入口;
4—空气入口;5—煤气调节器(针阀)

电加热器

根据需要,实验室还常用电炉、电热板、电热套、管式炉、马弗炉、红外灯等多种电器加热。

(1)电炉(见图 2-22)。电炉可以代替酒精灯或煤气灯加热,温度可通过调节电阻来控制。加热时容器和电炉之间要垫上一块石棉网,使容器受热均匀,以免炸裂。

图 2-22　电炉

(2)电热板、电热套。电炉做成封闭式称为电热板。由控制开关和外接调压变压器调节加热温度,电热板升温速度较慢,且受热是平面的,不适合加热圆底容器,多用作水浴和油浴的热源,也常用于加热烧杯、锥形瓶等平底容器。由于电热板的加热面积比电炉大,可用于加热体积较大或数量较多的试样。电热套(包)是专为加热圆底容器而设计的,使用时应根据圆底容器的大小选用合适的型号。电热套相当于一个均匀加热的空气浴。为有效地保温,可在包口和容器间用玻璃布围住。

（3）管式炉（见图2-23）。管式炉有一管状炉膛,利用电热丝或硅碳棒来加热,温度可以调节,其温度可达1000℃以上,炉膛中可插入一根耐高温的瓷管或石英管,瓷管中再放入盛有反应物的磁轴,反应物可以在空气气氛或其他气氛中受热。

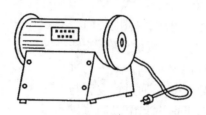

图2-23 管式炉

（4）马福炉（见图2-24）。马福炉又叫高温炉,也是一种利用电热丝或硅碳棒来加热的炉子。它的炉膛是长方体,有一炉门,通过炉门就能很容易地放入要加热的坩埚或其他耐高温的器皿,炉温可达1300℃。

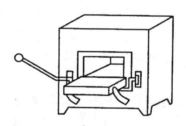

图2-24 马福炉

2. 加热方法

（1）直接加热。

①直接加热液体。试管中物体的直接加热,若加热试管中的液体,应先擦干试管外部,用试管夹夹住试管的中上部,试管口稍向上倾斜地置于煤气火焰上,如图2-25所示。加热时,先加热液体的中上部,然后慢慢往下移动,再不时地上下移动,均匀地加热各个部分。试管内的溶液量不得超过试管容量的1/3。加热时,试管口切勿对人对己,以免溶液煮沸后迸溅而造成烫伤事故。直接加热蒸发皿中的液体时（如蒸发浓缩）,可将蒸发皿放在泥三角上加热（应先均匀预热,外壁不能有水珠）,蒸发皿内盛放溶液的量不能超过其容量的2/3。加热烧杯、烧瓶、锥形瓶等玻璃仪器中的液体时,器皿必须放在石棉网上,以免受热不均而使仪器破裂（见图2-26）,烧瓶还要用铁夹固定在铁架上。所盛液体不应超过烧杯容量的1/2,烧杯加热时还要适当搅拌其内的物质,以防暴沸。

 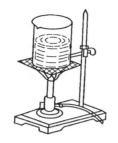 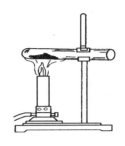

图2-25　加热试管中的液体　图2-26　加热烧杯中的液体　图2-27　加热试管中的固体

②直接加热固体。若加热试管中的固体，试管口应稍向下倾斜，如图2-27所示。目的是防止冷凝的水珠倒流至试管的灼热部分而使试管破裂。在蒸发皿中加热固体时，先用小火预热，再慢慢加大火焰，但火也不能太大，以免蒸发皿中固体溅出造成损失。要充分搅拌，使固体受热均匀。当需要高温加热固体时，可把固体放在坩埚中，将坩埚放在泥三角上并架在铁环上，用小火预热后慢慢加大火焰灼烧，直至坩埚红热，维持一段时间后停止加热，稍冷，用预热过的坩埚钳将坩埚夹持到干燥器中冷却。

（2）水浴加热。当被加热物质要求受热均匀，温度又不能超过373K时，可采用水浴加热。

  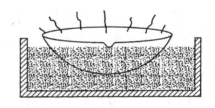

图2-28　水浴加热　　　　　　　　图2-29　砂浴加热

取一水浴锅（常用大烧杯代替水浴锅），加水至水浴锅高度的2/3左右，在煤气灯上加热水浴至热水或沸水（加热过程中，还需注意保持水量，必要时适当补充一些水），被加热的物质需完全浸入水浴中，但不能触及水浴锅底部，如图2-28所示。

（3）油浴或砂浴加热。如果被加热的物质要求受热均匀，且温度要求高于100℃时，一般采用油浴或砂浴加热。

油浴是用油代替水浴锅中的水，油浴的最高温度决定于所用油的沸点。甘油浴用于150℃下的加热，液体石蜡浴用于200℃以下的加热。使用油浴时应防止着火。

把细砂装在铁盘内即做成沙浴。被加热的器皿埋在砂子中（见图2-29）。用煤气灯加热。测量温度时应把温度计埋入靠近器皿的砂中，不能触及底部。

3. 冷却方法

将反应物冷却的最简单的方法是将盛有反应物的容器适时地浸入冷水浴中。

某些反应需在低于室温的条件下进行,则可用水和碎冰的混合物作冷却剂,它的冷却效果要比单用冰块好,因为它能和容器更好地接触。如果水的存在不妨碍反应的进行,则可以把碎冰直接投入反应物中,这样能更有效地保持低温。

若要把反应混合物冷却到0℃以下时,可用食盐和碎冰的混合物,食盐投入冰内时碎冰易结块,最好边加边搅拌;也可用冰与六水合氯化钙结晶($CaCl_2·6H_2O$)的混合物,温度可达到$-20\sim-40℃$。如用干冰(固体二氧化碳)与丙酮混合物,温度可达到$-77℃$。

2.4 药品的取用方法

1. 液体试剂的取用

(1)从滴瓶中取液体时,先用拇指和食指提起滴管离开液面,用手指紧捏滴管上部的胶皮头,以赶出滴管中的空气,再将滴管伸入试剂瓶中,放开手指吸入试剂。取出滴管,用中指和无名指夹住滴管颈部,滴管管尖垂直放在试管口上方,然后用大拇指和食指捏橡皮胶头,使试剂滴入试管中(见图2-30),试管应垂直不要倾斜。滴瓶上的滴管只能专用,不能和其他滴瓶上的滴管混用;滴管决不能伸入所用容器中,以免触及器壁而沾污药品;滴管用完要放回原瓶,不要放错,

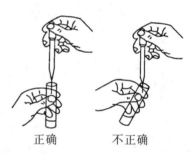

正确　　　　不正确

图2-30 用滴管将试剂加入试管中

更不可随意乱放;不准用自己的滴管到瓶中取药;装有试剂的滴管不能平放或管口向上斜放,以免试剂倒流到橡皮胶头内。

(2)从细口瓶中取用液体试剂时用倾注法。先将瓶塞取下,倒放在桌面上,试剂瓶贴有标签的一面朝向手心,逐渐倾斜瓶子,以瓶口靠住容器壁,让试剂沿着洁净的试管壁流入试管或沿着洁净的玻璃棒注入烧杯中。倾出所需量后,将试剂瓶口在容器上靠一下,再逐渐竖起瓶子,以免遗留在瓶口的液滴流到瓶的外壁。用完后盖上瓶盖,不要盖错。取多的试剂不能倒回原瓶,可倒入指定的容器内供他人使用。

(3)在试管中进行某些实验时,取试剂不需要准确用量,只要学会估计取用液体的量即可。例如用滴管取用液体,1mL相当多少滴,5mL液体占试管的几分之几等。倒入试管里液体的量一般不超过其容积的1/3。

(4)定量量取液体试剂时,可用量筒或移液管。量筒用于量取一定体积的

液体,可根据需要选用不同容量的量筒。读取体积时,应使视线与量筒内液体的弯月面的最低处保持相平,偏高或偏低都会造成误差。

2. 固体试剂的取用

(1)取用试剂前应看清标签。取用时,先打开瓶塞,将瓶塞倒放在实验台上。如果瓶塞一端不是平顶而是扁平的,可用食指和中指将瓶塞夹住(或放在清洁的表面皿上),绝不可将它横置桌上以免污染。不能用手接触化学试剂,应根据用量取用试剂。取用完毕,一定要把瓶塞盖严,绝不允许将瓶塞张冠李戴,然后把试剂瓶放回原处,以保持实验台整齐干净。

(2)要用清洁、干燥的药匙取试剂。用过的药匙必须洗净擦干后才能再使用。

(3)注意取药不要超过指定用量,多取的不能倒回原瓶,可放在指定的容器中供他人使用。

(4)一般固体试剂可以放在干净的纸或表面皿上称量。具有腐蚀性、强氧化性或易潮解的固体试剂应放在表面皿或玻璃容器内称量。

(5)往试管(特别是湿的试管)中加入固体试剂时,可用药匙或将取出的药品放在对折的纸槽上,伸进试管约2/3处。加入块状固体试剂时,应将试管倾斜,使其沿着试管壁慢慢滑下,以免碰破试管(见图2-31)。

图 2-31　块状固体加入试管

2.5　溶解、蒸发和浓缩

1. 溶解

用溶剂溶解试样时,加入溶剂时应先把装有试样的烧杯适当倾斜,然后把量筒嘴靠近烧杯壁,让溶剂慢慢顺着杯壁流入;或通过玻璃棒使溶剂沿玻璃棒慢慢流入,以防杯内溶液溅出而损失。溶剂加入后,用玻璃棒搅拌,使试样完全溶解。对溶解时会产生气体的试样,则应先用少量水将其润湿成糊状,用表面皿将杯盖好,然后再用滴管将试剂自杯嘴逐滴加入,以防生成的气体将粉状的试样带出。对于需要加热溶解的试样,应注意控制加热温度和时间,加热时要盖上表面皿,防止溶液剧烈沸腾和迸溅。如需长时间加热,应防止将溶液蒸干,因为许多物质脱水后很难再溶解。加热后要用蒸馏水冲洗表面皿和烧杯内壁,冲洗时也应使水顺杯壁流下。

2. 蒸发、浓缩

当物质需从稀溶液中析出晶体时,需要进行蒸发、浓缩、结晶的操作。将稀溶液放入蒸发皿中,缓缓加热并不断搅拌,溶液中的水分便不断蒸发,溶液不断浓缩,当蒸发至一定程度后,放置冷却即可析出晶体。溶液浓缩的程度与被结晶物质的溶解度大小及溶解度随温度的变化等因素有关。若被结晶物质的溶解度较小或随温度变化较大,则蒸发至出现晶膜即可。若被结晶物质的溶解度随温度变化不大时,则蒸发至稀粥状后再冷却。若希望得到大颗粒的晶体,则不宜蒸发得太浓。

在实验室中,蒸发、浓缩的过程是在蒸发皿中完成的,蒸发皿中所盛放的溶液量不可超过其容量的2/3,一般当物质的热稳定性较好时,可将蒸发皿直接放在石棉网上加热蒸发,否则需用水浴间接加热蒸发。

2.6　结晶和重结晶

1. 结晶

结晶是晶体从溶液中析出的过程。晶体析出的颗粒大小和结晶的条件有关,溶液浓缩得较浓、溶解度随温度变化较大、冷却快速、搅拌溶液都会使晶体的颗粒细小;反之,则可使晶体长成较大的颗粒。

晶体颗粒的大小也与晶体的纯度有关。若晶体颗粒太小且大小均匀,易形成糊状物,夹带母液较多,不易洗净,影响纯度。缓慢长成的大晶体,在生长过程中也易包裹母液,影响纯度。因此,颗粒度适中、大小均匀的晶体纯度才高。

2. 重结晶

重结晶是使不纯物质通过重新结晶而获得纯化的过程,它是提纯固体的重要方法之一。把待提纯的物质溶解在适当的溶剂中,滤去不溶物后进行蒸发结晶,浓缩到一定浓度时,经冷却就会析出溶质的结晶。当结晶一次所得物质的纯度不合要求时,可以重新加入尽可能少的溶剂溶解晶体,经蒸发后再进行结晶。

2.7　沉淀的分离、洗涤、烘干和灼烧

1. 沉淀的分离

沉淀分离的方法有三种:倾析法、过滤法、离心分离法。

倾析法

当沉淀的比重较大或结晶颗粒较大,静置后容易沉降至容器的底部时,可用倾析法。首先让固—液系统充分静置,沉淀上部出现澄清溶液倾入另一容器内,即可使沉淀和溶液分离。洗涤时,可往盛着沉淀的容器内加入少量蒸馏水、酒精等洗涤剂把沉淀和洗涤剂充分搅匀后,充分静置,使沉淀沉降,再小心地倾出洗涤液。如上操作重复两三遍,即可洗净沉淀。

过滤法

分离溶液与沉淀最常用的操作是过滤法。当溶液和沉淀的混合物通过滤

器时,沉淀就留在滤器上,溶液通过滤器。过滤后所得的溶液通常称滤液。

溶液的温度、黏度,过滤时的压力,过滤器孔隙大小和沉淀的性质,都会影响过滤的速度。热溶液比冷溶液易过滤。溶液的黏度愈大,过滤愈慢。减压过滤比常压过滤快。过滤器的孔隙要选择适当,太大易透过沉淀,太小则易被沉淀堵塞,使过滤难以进行。若沉淀呈现胶状时,能穿透一般的滤器,应设法先加热把沉淀的胶态破坏。

常用的过滤方法有常压过滤(普通过滤)、减压过滤(吸滤)和热过滤三种。

(1)常压过滤。在常压下用普通漏斗过滤,适用于过滤胶体沉淀或细小的晶体沉淀,但过滤速度比较慢。

①选择滤纸和漏斗。滤纸按孔隙大小分为"快速"、"中速"和"慢速"三种;按直径大小分为7cm、9cm、11cm等几种。应根据沉淀的性质选择滤纸的类型,细晶形沉淀应选用"慢速"滤纸过滤;粗晶形沉淀宜选用"中速"滤纸;胶状沉淀需选用"快速"滤纸过滤。根据沉淀量的多少选择滤纸的大小,一般要求沉淀的总体积不得超过滤纸锥体高度的1/3。滤纸的大小应与漏斗的大小相适应,一般滤纸上沿应低于漏斗上沿约1cm。漏斗一般选长颈(颈长15～20cm)的,漏斗锥体角度应为60°,颈的直径要小些(通常是3～5mm),以便在颈内容易保留液柱,这样才能因液柱的重力而产生抽滤作用,过滤才能迅速。在整个过滤过程中,漏斗颈内能否保持液柱,这不仅与漏斗选择有关,还与滤纸的折叠、滤纸是否贴紧在漏斗的内壁上,漏斗内壁是否洗净,过滤操作是否正确等因素有关。

②滤纸的折叠与安放。用干净的手将滤纸对折,然后再对折,展开后成60°的圆锥体,一边为一层,另一边为三层(见图2-32)。为保证滤纸与漏斗密合,第二次对折不要折死,如果滤纸放入漏斗后上边缘不十分密合,可以稍微改变滤纸的折叠角度,直到与漏斗密合,此时可把第二次的折边折死。

图2-32 滤纸的折叠和安放

为了使滤纸和漏斗内壁贴紧而无气泡,常把滤纸三层外面两层滤纸折角处撕下一角,此小块滤纸保存在洁净干燥的表面皿上,以备擦拭烧杯中的沉淀。滤纸应在漏斗边缘下约0.5～1cm。滤纸放好后,手按住滤纸三层的一边,从洗瓶吹出少量去离子水润湿滤纸,轻压滤纸,赶出气泡,使滤纸锥体上部与漏斗壁刚好贴合。加去离子水至滤纸边缘,漏斗颈内应全部充满水形成水柱。形成水柱的漏斗,可借水柱的重力抽吸漏斗内的液体,使过滤速度加快。

如漏斗颈内没形成水柱,可用手指堵住漏斗下口,把滤纸的一边稍掀起,用洗瓶向滤纸与漏斗之间的空隙里加水,使漏斗颈和锥体的大部被水充满,然后压紧滤纸边,松开堵住下口的手指,水柱即可形成。

③过滤装置。把洁净的漏斗放在漏斗架上,下面放一洁净的承接滤液的烧杯,应使漏斗颈口斜面长的一边紧贴杯壁,这样滤液可顺杯壁流下,不致溅出。漏斗放置的高度应以其颈的出口不触及烧杯中的滤液为宜。

④过滤。一般采用倾泻法过滤,待沉淀沉降后,将上层清液先倒入漏斗中,沉淀尽可能留在烧杯中。溶液应沿着玻璃棒流入漏斗中,玻璃棒的下端对着三层滤纸处,但不要接触滤纸。一次倾入的溶液一般最多只充满滤纸的2/3,以免少量沉淀因毛细作用越过上层滤纸而损失(见图2-33)。

⑤初步洗涤。洗涤应遵循"少量多次"的原则,待上层清液倾出后,再往烧杯中加入洗涤液,搅起沉淀充分洗涤,再静置,待沉淀沉降后,再倾出上层清液,如此重复3～4次。这样既可以充分洗涤沉淀,又不致使沉淀堵塞滤纸,从而可加快过滤速度。

⑥沉淀的转移。初步洗涤若干次后,可将沉淀转移到滤纸上。转移的方法是,在盛有沉淀的烧杯中加入少量洗涤液并搅动,然后立即按上述方法将悬浮液转移到滤纸上。这时必须十分小心地进行,因为每一

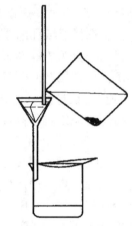

图2-33　倾析法过滤

滴悬浮液的损失都会使整个分析工作失败。在向烧杯中加入少量洗涤液,搅起沉淀如上法转移。如此重复几次,一般可将大部分沉淀转移到滤纸上。最后少量沉淀的转移可按图2-34所示的方法进行,即将烧杯倾斜放在漏斗上方,烧杯嘴朝着漏斗,将玻璃棒架在烧杯嘴上,玻璃棒下端对着三层滤纸处,用洗瓶冲洗烧杯内壁,沉淀连同溶液一起流入漏斗中。重复上述步骤,直至沉淀完全转移为止。待沉淀完全转移后,用前面撕下的滤纸角擦拭沾附在烧杯壁上的沉淀,将擦过的滤纸也放在漏斗里的沉淀中。

⑦沉淀洗涤。沉淀全部转移到滤纸上后,需作最后的洗涤,以除去沉淀表面吸附的杂质和残留的母液。洗涤的方法是用洗瓶中流出的细流冲洗滤纸边缘稍下一些的部位,按螺旋形向下移动,如图2-35所示,使沉淀集中于滤纸底部。重复上述步骤,直至沉淀洗干净为止。

沉淀洗涤时应注意,既要将沉淀洗干净也不能用太多的洗涤液,否则将增大沉淀的溶解损失,为此须用"少量多次"的洗涤原则以提高洗涤效率,即总体积相同的洗涤液应尽可能分多次洗涤,每次用量要少,而且每次加入洗涤液前应使前次的洗涤液尽量流尽。

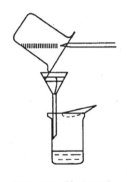

图2-34　转移沉淀　　　　　　图2-35　沉淀洗涤

（2）减压过滤。减压过滤简称抽滤。减压可以加速过滤,还可以把沉淀抽吸得比较干燥。但是胶态沉淀在过滤速度很快时会透过滤纸,颗粒很细的沉淀会因减压抽吸而在滤纸上形成一层密实的沉淀,使溶液不易透过,反而达不到加速的目的,故不宜用减压过滤法。

减压过滤的原理是利用水泵冲出的水流带走空气,造成吸滤瓶内的压力减小,使布氏漏斗与瓶内产生压力差,因而加快了过滤速度。水泵与吸滤瓶之间装一个安全瓶,防止关水龙头后,由于吸滤瓶内压力低于外界压力而使自来水倒吸,沾污滤液。布氏漏斗管插入单孔橡胶塞内,与吸滤瓶相连接,注意漏斗管下方的斜口应对着吸滤瓶的支管口。

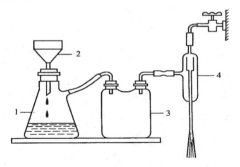

图2-36　减压吸滤装置

1—吸滤瓶;2—布氏漏斗;3—安全瓶;4—水吸滤泵

减压过滤操作步骤如下:

①铺滤纸按图2-36安装好仪器后,剪一张比布氏漏斗内径略小的滤纸,滤纸应能全部覆盖布氏漏斗上的小孔。用少量蒸馏水湿润滤纸,微开水龙头,抽气使滤纸紧贴在漏斗的瓷板上。

②过滤用倾析法将上层清液沿玻璃棒倒入漏斗,每次倒入量不应超过漏斗容量的2/3,然后开大水龙头,待上层清液滤下后,再转移沉淀。把沉淀平铺在漏斗上,直到沉淀被吸干为止。吸滤瓶中的滤液不应超过吸气口。

③过滤完毕先拔下连接在吸滤瓶上的橡皮管,再关水龙头,以防止倒吸。

④洗涤沉淀关小水龙头,使洗涤液缓慢透过沉淀,然后开大水龙头,把沉淀吸干。

⑤取出沉淀和滤液。把漏斗取下倒放在滤纸或容器中,在漏斗的边缘轻轻敲打或用洗耳球从漏斗管口处往里吹气,滤纸和沉淀即可脱离漏斗。滤液应从吸滤瓶的上口倒入洁净的容器中,不可从侧面的支管倒出,以免滤液被污染。

如果过滤的溶液具有强酸性或强氧化性,溶液会破坏滤纸,此时可用玻璃砂漏斗。玻璃砂漏斗也叫垂熔漏斗或砂芯漏斗,它是一种耐酸的过滤器,不能过滤强碱性溶液,过滤强碱性溶液使用玻璃纤维代替滤纸。

(3)热过滤。某些物质在溶液温度降低时,易形成晶体析出。为了滤除这类溶液中所含的其他难溶性杂质,通常使用热滤漏斗进行过滤,防止溶质结晶析出。过滤时,把玻璃漏斗放在铜质的热滤漏斗内,热滤漏斗内装有热水(水不要装太满,以免加热至沸后溢出),以维持溶液的温度。也可以事先把玻璃漏斗在水浴上用蒸气加热后再使用。热过滤选用的玻璃漏斗颈越短越好,以免过滤时溶液在漏斗颈内停留过久,因散热降温析出晶体而发生堵塞。

离心分离

当被分离的溶液和沉淀的混合物的量很少,在过滤时沉淀会粘在滤纸上而难以取下,这时可以用离心分离代替过滤,操作简单而迅速。离心分离常用电动离心机(见图2-37)。把盛有被分离的溶液和沉淀的离心管放入离心机中的套管内,在其对面套管内放入一盛有与其等重量的水的离心试管,这样可使离心机的臂保持平衡。然后缓慢而均匀地起动离心机,再逐渐加速,待离心机旋转一段时间后,任离心机自然停止旋转。待离心机完全停止转动后,取出离心管,观察被分离的溶液和沉

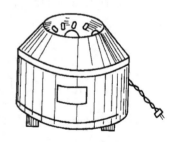

图2-37　电动离心机

淀是否分离,如已分离开,则沉淀紧密聚集在离心管底部而澄清溶液在上部;否则,要再把离心管放入离心机中,进行第二次离心分离,直至溶液和沉淀完全分离为止。

离心沉降后,沉淀物聚集在离心试管的底部,溶液已澄清透明,在分出上清液前,先检查沉淀是否完全,检查方法是沿离心试管的管壁再加入沉淀剂一滴,观察上层清液有否变浑。若不变浑,则说明沉淀完全;若变浑了,则需再加沉淀剂,充分反应后再进行离心沉降。

分离离心试管中的沉淀和溶液可用滴管吸出上清液。具体操作如下:取一捏瘪了橡皮头的滴管,轻轻插入斜置的离心试管中,沿液面慢慢放松橡皮头

吸出上层清液,直至全部溶液被吸出为止。注意滴管尖头部不能触及沉淀。若需洗涤沉淀,可加少量洗涤液于沉淀中,充分搅拌后,离心沉降,吸出上层清液。一般洗涤2～3次即可。第一次洗涤液并入原离心液中,第二、三次洗涤液可弃去。

使用离心机时应注意:

①离心机管套底部预先放少许棉花或泡沫塑料等柔软物质,以免旋转时打破离心管。

②为使离心机在旋转时保持平衡,离心管要放在对称的位置上。如果只处理一支离心管,则在对称位置放一支装有等量水的离心管。

③开动离心机应从慢速开始,运转平稳后再转到快速。关机时要任其自然停止转动。决不能用手强制它停止转动。

④转速和旋转时间视沉淀性状而定。一般晶形沉淀以 $1000r \cdot min^{-1}$,离心 $1 \sim 2min$ 即可,非晶形沉淀以 $2000r \cdot min^{-1}$,离心 $3 \sim 4min$。

⑤如发现离心管破裂或震动厉害应立即停止使用。

2. 沉淀的烘干

(1)坩埚的准备。沉淀的烘干和灼烧一般在坩埚中进行。使用前先用自来水洗去坩埚中的污物,将其放入热盐酸或热铬酸洗液中,以洗去 Al_2O_3、Fe_2O_3 和油脂,然后用蒸馏水冲净后烘干。用 $FeCl_3$ 或 $K_4[Fe(CN)_6]$ 在坩埚和盖子上编号,干后,将它放入高温炉中,在 $800 \sim 1000℃$ 灼烧。第一次灼烧约30min,取出稍冷后放入干燥器中冷至室温,称重。第二次再灼烧15～20min,再冷却称量。两次称量之差小于0.2mg,即认为达到了恒重。恒重的坩埚应放在干燥器中保存备用。

图2-38　沉淀的包裹

(2)沉淀的包裹。用玻璃棒将滤纸的三层部分挑起,向中间折叠,将沉淀盖住,再用玻璃棒轻轻转动滤纸包,以便擦净漏斗内壁可能沾有的沉淀,然后把滤纸包的三层部分向上放入已恒重的坩埚中(见图2-38)。

(3)沉淀和滤纸的烘干。将滤纸包放入已恒重的坩锅,让滤纸层数较多的一边朝上三角上,坩埚底应放在泥角的一边,坩埚口对准泥三角的顶角,如图2-39(a)所示。把坩埚盖斜倚在坩埚口的中部,然后开始用小火加热,把火焰对准坩埚盖的中心,如图2-39(b)所示,使火焰加热坩埚盖,热空气由于对流而通过坩埚内部,使水蒸气从坩埚上部逸出。待沉淀干燥后,将煤气灯移至坩埚底部,如图2-39(c)所示,仍以小火继续加热,使滤纸炭化变黑。炭化时要注意,不要使滤纸着火燃烧,否则容易使滤纸灰化。将瓷坩埚斜放在泥的沉淀颗粒可能因飞散而损失。一旦滤纸着火,应立即移去灯火,盖好坩埚盖,让火焰自行熄灭,切勿用嘴吹。稍等片刻再打开盖子,继续加热。直到滤纸全炭化不再冒烟后,逐渐升高温度,并用坩埚钳夹住坩埚不断转动,使滤纸完全灰化呈灰白色。

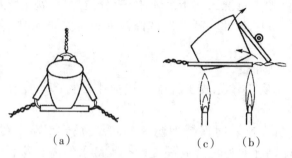

（a）　　　　　（c）　　（b）

图2-39　沉淀的干燥

　　（4）沉淀的灼烧及恒重。滤纸全部灰化后,立即将带有沉淀的坩埚移入马福炉内,沉淀在与灼烧空坩埚相同的条件下灼烧,灼烧完全后,先关闭电源,然后打开炉门,用先预热好的长坩埚钳将坩埚移到炉口旁边冷却片刻,再移到干燥洁净的泥三角上,冷却至红热消退,再冷却1min左右,将它移入干燥器中继续冷却（一般冷却30～60min）,待它与天平室温度相同时,称量;再次灼烧、冷却,再称量,直至恒重为止。注意在复称时应将砝码按前一次所得的称量值放好,然后再放上坩埚,以加速称量和减小称量误差。带沉淀的坩埚,也是连续两次称量误差在0.3mg以下才算达到了恒重。

2.8　干燥器的使用

　　干燥器是一种具有磨口盖子的厚质玻璃器皿。其用途是保存称量瓶、基准物或试样以及烘干后的坩埚。磨口上涂有一薄层凡士林,使其更好地密合,防止水气进入。底部装有干燥剂（常用变色硅胶、无水氯化钙等）,中间放置一带孔的圆形瓷板,用来盛放被干燥的物品。开启干燥器时,左手按住干燥器的下部,右手按住盖顶,向前方或旁边推开。加盖时,也应拿着盖顶,平推着盖好（见图2-40）。搬动干燥器时,应用两手的拇指同时按住盖子,防止盖子滑落打破（见图2-41）。

图2-40　开启干燥器　　　　图2-41　搬动干燥器

将热坩埚放入干燥器后,如马上盖严,里面的空气受热会膨胀,压力很大,甚至会将盖掀翻打碎;而放置冷却后,由于里面空气冷却,压力降低,又会将盖吸住而打不开。为避免上述情况发生,放入坩埚后,应先将盖留一缝隙,稍等几分钟再盖严,冷却过程中可不时开闭干燥器1~2次。

使用干燥器时应注意:

①干燥器应注意保持清洁,不得存放潮湿的物品。

②干燥器只在存放或取出物品时打开,物品取出或放入后,应立即盖上。

③放在底部的干燥剂,不能高于底部高度的1/2处,以防沾污存放的物品。干燥剂失效后要及时更换。

2.9 托盘天平的使用

托盘天平,又叫台秤,常用于一般称量,它能迅速地称量物体的质量,但精确度不高,最大载荷为200g的托盘天平能称准至0.1g(即感量为0.1g),最大载荷为500g的托盘天平能称准至0.5g(即感量为0.5g)。

1. 构造

如图3.42所示,天平的横梁架在底座上,横梁的左右各有一个托盘,横梁的中部有指针与刻度盘相对,称量时根据指针在刻度盘左右摆动情况,可以看出天平是否处于平衡状态。

2. 称量

称量前首先检查天平的零点。将游码拨到游码标尺的"0"处,检查天平的指针是否停在刻度盘的中间位置,如果不在中间位置,可调节天平托盘下面的平衡调节螺丝,当指针在刻度盘牌的中间左右摆动大致相同时,则天平指针就能标尺;停在刻度盘的中间位置,将此中间位置称为天平的零点。

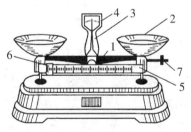

图 2-42 托盘天平
1—横梁;2—托盘;3—指针;4—刻度盘
5—游码标尺;6—游码;7—平衡调节螺丝

称量时,左盘放称量物,右盘放砝码,砝码用镊子夹取,10g或5g以下,可移动游码标尺上的游码来添加,当添加砝码到天平的指针停在刻度盘的中间位置时,此时指针所停位置称为停点,停点与零点重合时(允许偏差在一小格以内),砝码所表示的质量就是称量物的质量。

称量完毕,将砝码放回砝码盒,游码拨到"0"处,取下盘上物品,将托盘放在一侧或用橡皮圈架起,以免天平摆动。

称量时必须注意以下几点:

①不能称量热的物品。

②化学药品不能直接放在托盘上,应根据情况决定称量物放在洁净的表面皿、烧杯或光洁的纸上;湿的或有腐蚀性的药品必须放在玻璃容器内。

③称量完毕后,台称与砝码恢复原状。

④要保持天平整洁。

⑤要用镊子取砝码,不要用手拿。

2.10 分析天平的使用

分析天平是一种十分精确的称量仪器,称量的精确程度可达0.1mg。常用的分析天平有机械式分析天平和电子天平两类。

1. 机械加码分析天平

构造

现以TG328A全机械加码电光天平为例说明机械加码天平的构造。全机械加码电光天平构造如图2-43所示,它由以下几个部分组成。

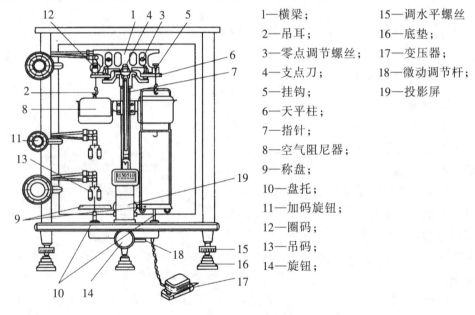

1—横梁;
2—吊耳;
3—零点调节螺丝;
4—支点刀;
5—挂钩;
6—天平柱;
7—指针;
8—空气阻尼器;
9—称盘;
10—盘托;
11—加码旋钮;
12—圈码;
13—吊码;
14—旋钮;
15—调水平螺丝;
16—底垫;
17—变压器;
18—微动调节杆;
19—投影屏

图2-43 电光分析天平

(1)外框部分。天平安装在玻璃框内,框上装有前门与左右两个侧门。前门为修理与调整天平时用,右侧门用于取放称量物。框下为大理石底座,底座下装有3只水平调整脚与脚架。

(2)立柱部分。安装在天平板的正中位置,在立柱上装有大小托翼各一对,用以架起横梁以保护玛瑙刀口。在顶端装有中刀承,用以支承横梁中刀。在立柱后面装有水准器,供校正天平水平位置用。在立柱中部固定有左右两个空气阻尼器外筒,内筒挂在吊耳钩上,利用空气阻尼作用促使天平平衡。

（3）横梁部分。横梁是天平的主要部件,其构造如图 2-44 所示。横梁上装有一个中刀与两个边刀,刀一般由玛瑙、合成宝石或淬火钢等材料制成,质硬耐磨,但脆而易碎。在中刀的后面装有重心砣,可调节天平感量。在横梁左右两端对称孔内装有一对平衡螺母,用以调整天平零点。

（4）悬挂系统。在横梁的左右两端各悬挂着一个吊耳,如图 2-45 所示。吊耳承重板的背面有一个玛瑙槽和一个玛瑙锥孔,以供十字头支撑螺钉定位用。吊耳的前后摆动靠十字头支撑螺钉在承重板上的玛瑙槽和玛瑙锥孔的活动来实现,起到力的补偿作用。不论承受载荷力的方向如何,能使力均匀地分布在刀刃上。吊耳钩上悬挂秤盘和空气阻尼器内筒。

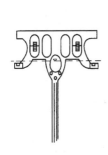

图 2-44　天平梁的结构

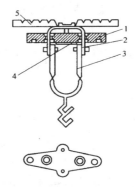

图 2-45　吊耳

（5）读数系统。包括指针、微分标牌与光学读数放大系统等。指针下端的微分标牌经光学放大投影在读数屏幕上（见图 2-46）。读数屏幕可通过零点拨杆调节与零刻度相重合,供天平调零用。

（6）制动系统。开启电光天平时,按顺时针方向转动升降旋钮,电源接通,读数标牌屏幕显示,同时大小托翼下降,横梁上刀口与刀口承接触,由于偏心作用带动秤盘下的托盘板与盘托下降,使天平进入工作状态。为了保护天平的玛瑙刀,转动升降旋钮时一定要缓慢进行。

（7）机械加码装置。全机械加码电光天平的左侧有三组加码指数盘（见图 2-47）,连着天平内悬挂着的三组砝码,下方的指数盘为 10～190g,中间的指数盘为 1～9g,上方的指数盘为 0.01～0.99g。当指数盘转动到某一读数时,天平内相应的砝码加到天平横梁上。由于砝码是挂在加码杆的钩子上,当指数盘转动过分剧烈时,砝码很易脱落,因此在操作指数盘时一定要缓慢转动。

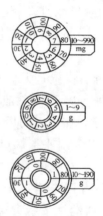

图2-46　读数屏幕　　　　　图2-47　指数盘

灵敏度

（1）表示方法。天平的灵敏度（E）是天平的基本性能之一。它通常是指在天平的一个盘上，增加1mg重量所引起指针偏斜的程度。因此指针偏斜的角度愈大，则灵敏度也愈高。灵敏度 E 的单位是分度/mg。在实际使用中也常用灵敏度的倒数来表示，即

$$S=1/E$$

其中：S 称为分度值（感量），单位是 mg/分度。

例如，一般电光天平分度值 S 以 0.1mg/分度为标准，灵敏度（E）＝1/0.1＝10分度/mg。

即加10mg重量可引起指针偏移100分度。0.1mg为1g的万分之一，故这类天平也称为万分之一天平。一般使用中的电光天平灵敏度，要求增加10mg重量时指针偏移的分度数在100±2分度之内。否则应该用重心调节螺丝进行调整。天平的灵敏度太低，则称量的准确度达不到要求；灵敏度太高，则天平的稳定性较差，也影响称量的准确度。

（2）灵敏度的测量。零点调节后，在天平的左盘上放一校准过的10mg片码。启动天平，若标尺移动的刻度与零点之差在100±2分度范围内，则表示其灵敏度符合要求；若超出此范围，则应进行调节。

称量方法

（1）直接称量法。直接称量法用于称取不易吸水，在空气中性质稳定的物质。将试样置于天平盘的表面皿上直接称取。称量时先调节天平的零点至刻度"0"或"0"附近，把待称物体放在左盘的表面皿中，按从大到小的顺序加减砝码（1g以上）和圈码（10～990mg），使天平达到平衡。则砝码、圈码及投影屏所表示的重量（经零点校正后）即等于该物质的重量。

（2）指定质量称量法。指定质量称量法又称增量法，此法用于称量某一固

定质量的试样,适用于不易吸潮、在空气中性质稳定的粉末状或小颗粒试样。使用电光天平称量时,在左盘放已称过质量的表面皿或其他容器,根据所需试样的质量,在右盘上放好砝码,然后用牛角勺向容器中加固体试样。加样时,小心地将盛有试样的牛角勺伸向容器上方约2~3cm处,勺的另一端顶在掌心上,用拇指、中指及掌心拿稳牛角勺,并用食指轻弹勺柄,将试样慢慢抖入容器中,直到天平平衡为止。若使用电子天平,首先将容器放到称量盘上,按去皮键归零,然后将所称物质加入容器中,直到指定的质量为止。

(3)差减称量法。差减称量法常用于称量易吸水、易氧化或易与二氧化碳起反应的物质。称取试样时,用纸片对折成宽度适中的纸条,毛边朝下套住称量瓶,用左手的拇指与食指的指尖捏住纸条(见图2-48)。

图2-48　称量瓶拿法　　　图2-49　试样敲击的方法

将称量瓶置于天平盘上,取出纸带准确称量。然后仍用纸带将称量瓶从天平盘上取下,用左手将它举在要放试样的容器(烧杯或锥形瓶)上方,右手用小纸片夹住瓶盖柄,打开瓶盖,将称量瓶慢慢地向下倾斜,并用瓶盖轻轻敲击瓶口,使试样慢慢落入容器内,注意不要撒在容器外,如图2-49所示。当倾出的试样接近所要称取的质量时,将称量瓶慢慢收起,同时用称量瓶盖继续轻轻敲下瓶口,使粘附在瓶口上的试样落入瓶内,再盖好瓶盖。然后将称量瓶放回天平盘上称量,两次称得质量之差即为试样的质量。按上述方法可连续称取几份试样。

使用规则

(1)称量前用软毛刷清扫天平,保持天平清洁。检查天平各部位是否处于正常位置,全部砝码是否都挂在加码钩上,天平是否水平,然后检查和调整天平的零点。

(2)称量过程中要特别注意保护刀口。启动开关旋钮(升降枢)时,必须缓慢均匀,避免天平摆动剧烈;增减砝码或取放物体时,必须将天平梁托起,使天平休止。不能在天平未休止的状态下进行上述操作,当加减砝码尚未达到平衡时,不能将天平全启动,只要开到能判断指针的偏转方向(向右或左)即可。

这些规范操作是保护天平刀口的关键,必须遵循。

(3)称量物必须放在天平秤盘的中央,避免秤盘左右摆动。不能称量过冷或过热的物体,以免引起空气对流使称量的结果不准确。称取具有腐蚀性蒸气或吸湿性的物体,必须把它们放在密闭容器内称量。

(4)在同一实验中,所有的称量要使用同一架天平,以减少称量的系统误差。天平称量不能超过最大载重,否则易损坏天平。

(5)称量完毕应将各部件恢复原位,关好天平门,罩上天平罩,切断电源。并检查盒内砝码是否完整无缺和清洁,最后在天平使用登记本上登记使用情况。

(6)称量的一般程序如下:空载时天平零点的调整:检查天平水平与砝码都处于正常位置后,打开升降枢(开关旋钮),观察屏幕上的黑线是否与光标零点重合,如果零点偏离黑线不大,则可调节底板下的微动调节杆,使黑线移动至零点处。如果零点偏离较大,则需调节天平横梁的平衡螺丝,直到黑线与零点重合。

2. 电子天平

电子天平是利用电子装置完成电磁力补偿的调节,使物体在重力场中实现力的平衡,或通过电磁力矩的调节,使物体在重力场中实现力矩的平衡。目前使用的主要有顶部承载式和底部承载式电子天平。

电子天平最基本的功能是自动调零、自动校准、自动扣除空白、自动显示称量结果,它称量快捷、使用方法简便、自动化程度高,是目前最好的称量仪器。

常见的电子天平有直立式与顶载式两种,在分析中常用的是如图2-50所示的直立式电子天平,称量精度可达0.1mg。

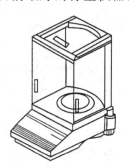

FA2104N电子天平和CNSHP厂家FA1004N的使用方法及规则如下:

(1)天平置于稳定的工作台上,避免振动、气流及阳光照射。保持天平整洁,称量前需用软毛刷清扫天平。

(2)水平调节。使用前检查天平的水平,水平仪中的气泡应位于水平仪的中心,若不水平,则需调节水平调节脚,使水平泡位于水平仪的中心。

图2-50　电子天平

(3)接通电源。接通电源,预热30~180min后使用(如要校准,则原则上要预热180min)。预热只要接通电源就可以,使用按ON/OFF(开机)键,屏幕显示"0.0000g"。

(4)校准。第一次使用天平,使用前需进行校正,连续使用的天平,每天首次使用之前校正。天平搬动或移位之后校正:校正需用天平原配的标准砝码进行校准。

校准方法为:按"去皮"键,显示"0.0000g";在显示"0.0000g"时,按住"校正"键至天平显示"Cal"后松开,在显示"Cal"时在称盘中央加上200g(CNSHP厂家FA1004N为100g)校正砝码,同时关上防风罩,当出现"+200.0000g"(CNSHP厂家FA1004N为"100.0000g",天平校准完毕,可进行正常称量)。同时蜂鸣器响了一下后天平校正结束,移去砝码。天平稳定后显示"0.0000g",可以进行正常称量。如果在按"校正"键后显示出现"CAL-E"说明校准出错,可按"去皮"键,等天平显示"0.0000g"再按"校正"进行校准。

(5)去皮称量将容器置于天平秤盘上,单击"去皮"键去皮,使显示屏上显示为"0.0000",当采用同定质量称量法时,显示净重值;当采用差减称量法时,则显示负值。每次称量先去皮,即可直接得到称量值。

(6)单位转换天平可在克(g)和克拉(ct)相互转换。在称重时按"单位转换"键可转换。1克拉(ct)=0.2克(g)。

(7)关机称量完毕,取下被称物,按住OFF键直到显示屏出现OFF后松开。拔掉电源,盖上防尘罩。

电子天平的使用注意事项:

(1)电子天平的开机、通电预热、校准均由实验室技术人员负责完成,学生称量时只需按"开机"键、"去皮"键、"ON/OFF"键、"关机"键就可以使用,不能乱按,否则会引起功能设置混乱。

(2)电子天平自重较轻,容易被碰撞移位,造成不水平,从而影响称量结果,所以在使用过程中要特别注意,动作要轻、缓,并经常查看水平仪。

(3)粉末状、潮湿、有腐蚀性的物质绝对不能直接放在秤盘上,必须用干燥、洁净的容器盛好才能称量。

(4)称量过程中,试样不能洒落在称盘上和天平箱内。若有试样洒落,应用天平刷清扫干净。

(5)称量结束时关闭天平,取出称量物,关好天平门,罩好天平罩,填写使用登记情况,经教师检查签字后,方可离开天平室。

2.11 酸度计的使用

酸度计是测定溶液pH值的常用仪器,由电极和精密电位计两部分组成。将测量电极(玻璃电极)与参比电极一起浸在被测溶液中,组成一个原电池。通过测定电动势求被测溶液的pH值。在原电池中,参比电极的电极电势与溶液pH值无关,在一定温度下是一定值。而玻璃电极的电极电势随溶液pH值的变化而改变。所以它们组成的电池电动势也随溶液的pH值变化而变化。

设电池的电动势为E，在25℃时：

$$E＝E_{参比}－E_{玻璃}＝K＋0.059pH$$

在一定条件下，式中K为常数。此关系式说明，当电极材料与温度一定时，E与被测液的pH值成直线关系。

酸度计的主体是一个精密电位计，用来测量上述原电池的电动势，并直接用pH刻度表示出来，因而从酸度计上可以直接读出溶液的pH值。

1. 常用电极

（1）甘汞电极实验室中最常用的参比电极是甘汞电极。作为商品出售的甘汞电极有单液接与双液接的两种，它们的结构如图2-51所示。

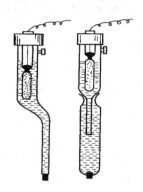

图2-51　饱和甘汞电极　　　　图2-52　复合电极

甘汞电极的电极反应为：

$$Hg_2Cl_2(s)＋2e \Longrightarrow 2Hg(l)＋2Cl^-(\alpha_{Cl^-})$$

它的电极电势可表示为

$$E_{Hg_2Cl_2(s)/Hg}＝E_{Hg_2Cl_2(s)/Hg}^\theta －\frac{RT}{F}\ln\alpha_{Cl^-}$$

由上式可知，当温度T和氯离子活度α_{Cl^-}一定时，E是定值。甘汞电极中KCl溶液浓度通常为$0.1mol \cdot L^{-1}$、$1.0mol \cdot L^{-1}$或KCl饱和溶液，其中最常用的是饱和甘汞电极。

（2）复合电极该电极是一种由玻璃电极（测量电极）和银氯化银电极（参比电极）组合在一起的塑壳可充式电极（见图3-52）。玻璃电极球泡内通过银-氯化银电极组成半电池，球泡外通过银-氯化银参比电极组成另一个半电池，外参比溶液为$3mol \cdot L^{-1}$氯化钾溶液（补充液可从电极上端的小孔中加入）。两个半电池组成一个完整的化学原电池，其电势仅与被测溶液氢离子浓度有关。

2. pHS-3C酸度计

pHS-3C酸度计面板如图2-53所示，各调节旋钮的基本作用如下。

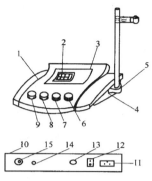

图2-53　pHS-3C酸度计

温度补偿调节旋钮用于补偿由于溶液温度不同时对测量结果产生的影响。因此在进行溶液pH值校正时,必须将此旋钮调至该溶液温度值上。在进行电极电势值测量时,此旋钮无作用。

斜率补偿调节旋钮用于补偿电极转换系数。由于实际的电极系统并不能达到理论上的转换系数(100%)。因此,设置此调节旋钮是便于用二点校正法对电极系统进行pH值校正,使仪器能更精确测量溶液的pH值。

定位调节旋钮用于消除电极的不对称电势和液接电势对测量结果所产生的误差。该仪器的零电势为pH=7,即仅适应配用零电位pH值为7的玻璃电极。当玻璃电极和甘汞电极(或复合电极)浸入pH=7的缓冲溶液中时,其电势不能达到理论上的0mV,而有一定值,该电势差称为不对称电势。这个值的大小取决于玻璃电极膜材料的性质、内外参比体系、待测溶液的性质和温度等刚素。为了提高测定的准确度,在测定前必须通过定位消除之。

斜率及定位调节旋钮仅在测量pH值及校正时使用。

3. 仪器的使用方法

仪器的使用方法为:

(1)接通电源按下电源开关,预热30分钟。

(2)电极安装将复合电极插在塑料电极夹上,电极夹装在电极杆上。拔去仪器反面电极插口上的短路插头,接上电极插头。注意新使用或长期不用的复合电极,在使用前应浸泡在去离子水内活化24小时。

(3)定位仪器附有三种标准缓冲溶液,可根据情况,选用一种与被测溶液的pH值较接近的缓冲溶液对仪器进行定位。

二次定位的操作步骤如下:

(1)将选择开关旋钮调到"pH"档,调节温度补偿旋钮至溶液温度值,将斜率补偿调节旋钮顺时针旋到底。

（2）将清洗并吸干的电极插入pH＝6.86的标准缓冲溶液中,调节定位调节旋钮,使仪器显示的pH值与该温度下缓冲溶液的pH值一致。

（3）取出电极,用去离子水清洗并吸干水分后,再插入pH＝4.00(或pH＝9.18)的标准缓冲溶液中,调节斜率补偿旋钮,使仪器显示的pH值与该温度下缓冲溶液的pH值一致。

（4）测量pH值用去离子水和被测溶液分别清洗电极后,将电极插入被测溶液中,搅拌使溶液混合均匀,在显示屏上读出溶液的pH值。

（5）pHS-3C酸度计还可用于电位测量。在进行电位测量时,只要将选择开关旋钮置于＋mv或－mV,即可进行测定。

4. 仪器和电极的维护

（1）仪器的输入端(即玻璃电极插口)必须保持清洁,不用时用短路插头插入捅座,以防灰尘和水汽侵入。在环境湿度较高时,应把电极插口用毛巾擦干。

（2）测量时,电极的引入线须保持静止,否则会引起测量不稳定。

（3）电极在测量前,必须用标准缓冲溶液定位校正,标准缓冲溶液的pH值与被测溶液的pH值越接近越好。

（4）使用复合电极时,应避免电极下部的玻璃泡与硬物或污物接触。若玻璃球泡上发现沾污可用医用棉花轻擦球泡部分或用0.1mol·L⁻¹盐酸清洗。

（5）复合电极的外参比溶液为3mol·L⁻¹氯化钾溶液,补充液可从电极上端的小孔中加入。

（6）复合电极使用后,应清洗干净,套上保护套,保护套中加少量补充液以保持电极球泡的湿润。切忌浸泡在蒸馏水中。

（7）转动温度调节旋钮时勿用力太大,以防移动紧固螺丝位置,造成误差。

2.12　722型分光光度计的使用

1. 原理

分光光度计的工作原理以物质对光有选择性吸收为基础,光吸收原理如图2-54所示。当光照射在溶液上时,溶液中的物质选择性地吸收一定波长的光,使透过光的强度减弱,物质吸收光的程度可以用吸光度(光密度)A或透光度T表示,其定义为:

$$A = \log \frac{I_0}{I}$$

$$T = \frac{I}{I_0}$$

$$A = -\log T$$

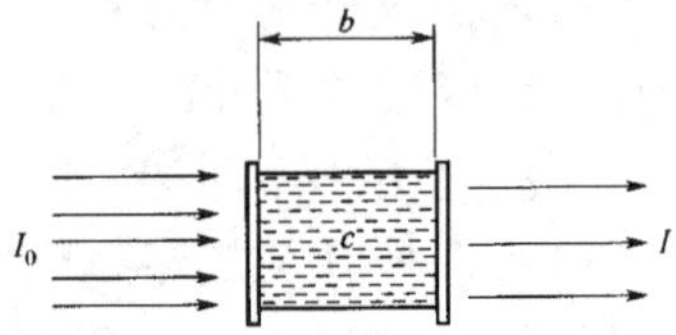

图2-54　光吸收原理

式中,I_0为入射光强度,I为透射光强度。

物质对光的吸收程度与溶液的浓度和液层的厚度有关,当波长一定时,其相互关系符合朗们比尔定律。

$$A = \varepsilon bc$$

式中:c为溶液的浓度,$mol \cdot L^{-1}$;

　　　b为液层厚度,cm;

　　　ε为摩尔吸收系数,$L \cdot mol^{-1} \cdot cm^{-1}$。

从以上公式可以看出,当入射光、摩尔吸收系数和溶液的液层厚度不变时,透射光随溶液的浓度变化。

2. 结构

（1）如图2-55所示是722型分光光度计。

（2）光学系统722型分光光度计采用光栅自准式色散系统和单光束结构光路,如图2-56所示。钨灯发出的连续辐射光经滤光片、聚光镜聚光后投向单

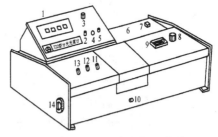

图2-55　722型分光光度计

色器进狭缝,此狭缝正好处于聚光镜及单色器内准直镜的焦平面上,因此进入单色器的复合光通过平面反射镜反射到准直镜,转换成平行光射向色散元件光栅,光栅将入射的复合光通过衍射作用形成按照一定顺序排列的连续单色光谱,此光谱经准直镜后利用聚光原理成像在出射狭缝上,出射狭缝选出指定带宽的单色光通过聚光镜入射在被测样品上,样品吸收后的透射光经光门射向光电管阴极面。为防止灰尘进入单色器设保护玻璃。

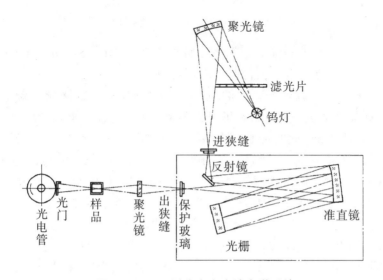

图2-56　722型分光光度计光学系统

3722N型分光光度计的使用方法如下。

按键说明：

（1）A/T/C/F键。

A——吸光度（Absorbance）；

T——透射比（Trans）；

C——浓度（Conc）；

F——斜率（Factor）。

F值通过按键输入。

（2）SD键。当处于F状态时，具有确认的功能，即确认当前的F值，并自动转到C，计算当前的C值（C＝F*A）。

（3）▽/0%键。

该键具有2个功能：

①调零。只有在T状态时有效，打开样品室盖，按键后应显示"000.0"。

②下降键。只有在F状态时有效，按本键F值会自动减1，如果按住本键不放，自动减1会加快速度，如果F值为0后，再按键它会自动变为1999，再按键开始自动减1。

（4）△/100%键。

该键具有2个功能

①只有在A、T状态时有效，关闭样品室盖，按键后应显示"0.000"、"100.0"；

②上升键。只有在F状态时有效，按本键F值会自动加1，如果按住本键不放，自动加1会加快速度，如果F值为1999后，再按键它会自动变为0，再按键开始自动加1。

具体操作方法如下：

打开仪器，调整波长至最佳波长，如测亚铁为510～512nm，预热30min以上。注意：不能再改变波长，否则加长预热时间。

按"A/T/C/F键"，调到T键灯亮，放入参比溶液（测亚铁情况下就是空白溶液），拉动样品架到光路（样品架里可以看到光路，与样品架成90度角），打开样品室盖，光路不通，此时应显示"000.0"，如果不是，按动"▽/0%键"，调整至"000.0"；关闭样品室盖，按键后显示"100.0"，重复以上操作2次以上至稳定。

按"A/T/C/F键"，调到A键灯亮，按"△/100%键"至"0.000"，放入样品，拉动样品架至光路，测定样品，读出吸光度A值，通过计算公式求出C。

从表中找出浓度，再找出A与C的比值，就可以用以下功能：

按"A/T/C/F键"至F键，调节"▽/0%键"或"△/100%键"至特定值，再按"SD键"，此时自动跳到"A/T/C/F键"的C键，自动显示此光路内样品的C值，以后的使用者只要把样品放入,拉到光路当中,就可以自动显示"C"值,再按"A/T/C/F 键"至 A 键,又可以读出"A"值,不用去查表,也不用计算。当然,此方法针对的浓度相差不应很大,否则会增大误差。

4722 型分光光度计的使用方法如下。

(1)打开电源,预热 20min。

(2)将灵敏度旋钮调至"1"档,选择开关置于"T",调至所需的波长。

(3)放入参比液,打开试样盖,调节"0"旋钮,使数字显示为"00.0",盖上试样盖,调节"100%"旋钮,使数字显示为"100.0"。再将选择开关置"A",旋动"吸光度调零"旋钮,使得显示值为".000"。

(4)若调不到"100.0",则可加大一档灵敏度旋钮,以增加微电流放大器的倍率(但尽可能使倍率置于低档),重新校正"T"的"0"和"100%","A"的".000"。

(5)置于"A"档,放入被测液,移入光路,显示吸光度值。

(6)改变波长,调节"0"和"100%"旋钮,测出被测液的吸光度值。

3. 使用时的注意事项

(1)仪器使用时,注意每改变一次波长,都要用参比溶液校正吸光度为零、透光率为 100%。

(2)比色皿装液不宜太满,液体量为比色皿容量的 4/5,若溢在外面应擦干。手指只能与比色皿的毛玻璃处接触。

(3)为了减少误差,标准溶液与试液应使用同一个比色皿。

第 3 章　实验数据处理

3.1　测量误差与偏差

　　为了巩固和加深学生对基础化学基本理论和基本概念的理解,培养学生掌握基础化学实验的基本操作,学会一些基本仪器的使用,实验数据记录、处理和结果分析,基础化学实验中安排了很多与数据处理相关的实验项目。由实验测得的数据经过计算处理得到实验结果。而对实验结果的准确度和精密度又有一定的要求。因此在实验过程中,除要选用合适的仪器和正确的操作方法外,还要学会科学地处理数据,使分析结果与真实值尽可能相符。所以树立正确的误差及有效数字的概念,掌握分析和处理数据的科学方法十分必要。

1.　准确度与误差

　　分析结果的准确度是指测定值(x)与真实值(x_T)之间相符合的程度,因此用误差(error)E来衡量准确度。两者差值越小,则分析结果准确度越高,准确度的高低用误差来衡量。误差在测量工作中是普遍存在的,即使采用最先进的测量方法,使用最先进的精密仪器,由技术最熟练的工作人员来测量,测定值与真实值也不可能完全符合。

　　根据误差性质不同,可把误差分为:系统误差、偶然误差和过失误差三类。

系统误差

　　系统误差是由某种固定的或经常性的原因所造成的,具有重复性,单向性。系统误差的大小、符号(正、负)在理论上是可以测定的,所以又称可测误差。在相同条件下重复测定会重复出现,使测定结果系统地偏高或偏低,而且大小有一定规律。它的大小和正负是可以测定的,至少从理论上来说可以测定。

　　系统误差主要是由以下几个方面的原因引起的。

　　方法误差——由于分析方法本身不够完善而引入的误差。例如,重量分析中由于沉淀溶解损失而产生的误差;在化学的滴定分析中由于滴定终点和化学计量点不完全一致而造成的误差均属于方法误差。

　　仪器误差——由于仪器本身的缺陷造成的误差。如天平两臂长度不相等,砝码、滴定管、容量瓶、移液管等未经校正而引入的误差。

　　试剂误差——如果试剂不纯或者所用的蒸馏水或去离子水不合格,引入微量的待测组分或对测定有干扰的杂质而引入的误差。

　　主观误差——由于操作人员主观原因造成的误差,例如在滴定分析法中进行平行滴定时,有人总是想使第二份滴定结果与前一份滴定结果相吻合,在判断终点或读取滴定管读数时,不自觉地受到"先入为主"的影响,从而产生主观误差。再比如,在滴定终点颜色的辨别时,有的人偏深,而有的人则偏浅。

实验系统误差可以通过校正仪器、改善方法、提纯药品等措施来减少或消除。

偶然误差

由于某些难以控制的偶然原因所引起的具有抵偿性的误差称为偶然误差(随机误差)。例如,它可能由于环境温度、气压、湿度、仪器的微小变化等偶然波动所引起,也可能由于个人一时辨别的差异而使读数不一致,这些不确定的因素都会引起偶然误差。偶然误差是不可避免的,即使是一个优秀的分析人员,用同一种分析方法、同一套仪器,很仔细地对同一试样进行多次重复测定时,在考虑消除系统误差以后,也不可能得到完全一致的分析结果,而是有高有低。这种误差是由某些偶然因素造成的,它的数值有时大,有时小,有时正,有时负,所以偶然误差又称不定误差。它的特点是具有对称性、抵偿性和有限性。

偶然误差虽然难以找出确定的原因,似乎没有规律性,但如果在相同条件下进行多次重复测定,就会发现数据的分布服从正态分布,如图3-1所示。图中横坐标代表偶然误差的大小,以标准偏差σ为单位,纵坐标代表偶然误差发生的频率。

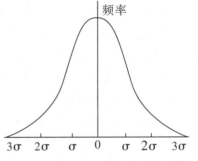

图3-1 偶然误差的正态分布曲线

在平行测定次数趋于无穷大时,偶然误差的分布有一定的规律:

(1)正误差和负误差出现的几率相等。

(2)小误差出现的频率较高,而大误差出现的频率较低,很大误差出现的几率近于零。

随机误差是由某些难以预料的偶然因素引起的,它对实验结果的影响也无规律可循,一般可通过多次测量取算术平均值来减小这种误差。这类误差的性质是:由于来源于随机因素,误差数值不定,且方向也不固定,有时为正误差,有时为负误差。这种误差在实验中无法避免,从表面上看也没有什么规律可寻,但是我们通常可以采用"多次测定,取平均值"的方法来减少偶然误差。

过失误差

过失误差是由于工作上的粗枝大叶、不遵守操作规程而造成过失。例如操作时不严格按照操作规程,使用的器皿不洁净、加错试剂、溶液溅出、记录及计算错误等,这些都是不应该有的过失,会对分析结果带来严重影响,必须注意避免。如果发现有过失,应剔除所得结果。

根据误差的表示方法有绝对误差和相对误差,计算公式分别为

绝对误差　　$E = x - x_T$　　　　　　　　　　　　　　　　　　　　　　　（3-1）

相对误差　　$RE = \dfrac{E}{x_T} \times 100\%$ 或 $RE = \dfrac{x - x_T}{x_T} \times 100\%$　　　　（3-2）

式中:x——测定值;x_T——真实值。

相对误差表示误差在真实值中所占的百分率。绝对误差与被测值的大小无关,而相对误差与被测值的大小有关,在绝对误差相同时,测定值越大,相对误差越小。分析结果的准确度常用相对误差表示。用相对误差来表示各种情况下测定结果的准确度更为确切。

2. 精密度与偏差

在实际工作中,真实值常常是不知道的,因此无法求得分析结果的准确度。这种情况下分析结果的好坏可用精密度(percision)来判断。

精密度是指在相同条件下对同一试样作多次重复测定,求出所得结果之间的符合程度。它表现了测定结果的再现性。

通常用偏差来衡量分析结果的精密度。偏差是指个别测定结果与几次测定结果的平均值之间的差别。偏差也有绝对偏差(absolutedeviation)与相对偏差(relativedeviation)之分;测定结果与平均值之差为绝对偏差,绝对偏差在平均值中所占的百分率为相对偏差。

若 n 次测定所得的值分别为 $x_1, x_2, x_3, \cdots, x_n$,则其算术平均值为:

$$\bar{x} = \frac{x_1 + x_2 + x_3 + \cdots + x_n}{n} = \frac{1}{n}\sum_{i=1}^{n} x_i \qquad (3\text{-}3)$$

绝对偏差

$$\begin{aligned} d_1 &= x_1 - \bar{x} \\ d_2 &= x_2 - \bar{x} \\ &\cdots \\ d_i &= x_i - \bar{x} \end{aligned} \qquad (3\text{-}4)$$

偏差与平均值之比称为相对偏差,常用百分率表示。

为了更好地衡量一组测定值总的精密度,常用平均偏差和标准偏差来表示。

$$d_r = \frac{d_i}{\bar{x}} \qquad (3\text{-}5)$$

平均值实质上是代表测定值的集中趋势,而各种偏差实质上是代表测定值的分散程度。分散程度越小,精密度越高。

为了更好地衡量一组测定值总的精密度,常用平均偏差和标准偏差来表示。

平均偏差是各数据偏差绝对值的平均值。

$$\bar{d} = \frac{|d_1| + |d_2| + |d_3| + \cdots + |d_n|}{n} = \frac{1}{n} \sum_{i=1}^{n} |d_i| \tag{3-6}$$

平均偏差没有正负号。

有时也用相对平均偏差来表示数据的精密度,相对平均偏差就是平均偏差与平均值之比,通常用百分率表示。

$$\bar{d}_r = \frac{\bar{d}}{\bar{x}} \times 100\% \tag{3-7}$$

准确度和精密度是两个不同的概念,它们是实验结果好坏的主要标志。精密度是保证准确度的先决条件,精密度差,所得结果不可靠。但是精密度高的测定结果不一定准确,这往往是由系统误差造成的,只有消除了系统误差之后,精密度高的测定结果才是既精密又准确的。

3. 可疑数据的取舍——Q检验

在实验工作中,由于随机误差的存在,测定数据有离散性,有时会出现个别偏离较大的可疑数据,但又找不到引起过失的原因。对这种可疑数据的舍取,需作慎重处理。从原则上讲,在无限次测定中,任何一次测定值不论其偏差有多大,都应保留。因为正态分布曲线是渐近线,所有范围内的任何数据都认为是合适的。然而在处理有限次实验数据时,若把偏离较大、本来属于过失的数据无原则地保留下来,那将直接影响到所得平均值的可靠性;反之若把有一定偏离但仍属随机误差范围的数据轻率地舍去,得到的结果虽然看起来精密度较好,但这是不科学的、不严肃的。因而研究可疑数据取舍问题,实际上是区分随机误差和过失误差的问题,对此可以借助于统计检验方法来判别。

表3-1　在不同置信水平下,舍弃离群值的Q值表

测量次数	3	4	5	6	7	8	9	10	∞
$Q_{0.90}$	0.94	0.76	0.64	0.56	0.51	0.47	0.44	0.41	0.00
$Q_{0.95}$	0.98	0.85	0.73	0.64	0.59	0.54	0.51	0.48	0.00
$Q_{0.99}$	0.99	0.93	0.82	0.74	0.68	0.63	0.60	0.57	0.00

统计检验的方法有多种,在此只介绍其中的Q检验法。Q检验的步骤如下所示(当测定次数 $n = 3 \sim 10$ 时)。

(1)将各数据按大小顺序排列,$X_1, X_2, \cdots, X_n$;离群值往往是首项或末项。

(2)求出离群值与其最邻近的数值的差值的绝对值:$|X_n - X_{n-1}|$ 或 $|X_1 - X_2|$。

(3)求出最大与最小数据之差(极差)$X_n - X_1$。

(4)求 Q(计算值)。

$$Q(\text{计}) = \frac{|X_n - X_{n-1}|}{X_n - X_1} \quad \text{或} \quad Q(\text{计}) = \frac{|X_1 - X_2|}{X_n - X_1}$$

(5)根据测定次数 n 和要求的置信度(如90%),查《无机及分析化学》表5-1,

得到 $Q_{0.90}$。

（6）将 Q 与 $Q_{0.90}$ 比较，若 $Q > Q_{0.90}$，则弃去离群值，否则应予保留。

$$Q(计) \geqslant Q(表) \quad 舍弃$$

$$Q(计) < Q(表) \quad 保留$$

依照上述方法，可对实验数据进行检验以决定取舍。Q 检验法符合数理统计原理，具有直观和计算方法简便的优点。

例 3-1　某试样，经 5 次测定百分含量分别为 20.34、20.26、20.32、20.38、20.39，离群值 20.26 是否应舍弃？（要求置信度为 90%）

解

$$Q = \frac{X_2 - X_1}{X_4 - X_1} = \frac{20.32 - 20.26}{20.39 - 20.26} = \frac{0.06}{0.13} = 0.46$$

查表 3-1，$n = 5$ 时，$Q_{0.90} = 0.64$，可见 $Q(计) < Q_{0.90}$，所以 20.26 应该保留。

在使用 Q 检验法时选择合适的置信度相当重要，选择过大的置信度，易将可疑值保留下来；反之，可能将数据误当作可疑值而舍弃；两者均会造成分析结果不科学。

3.2　有效数字

1. 有效数字的确定

在定量分析中，为了得到准确的分析结果，不仅要准确地进行各种测量，而且还要正确地记录和计算。分析结果所表达的不仅仅是试样中待测组分的含量，而且还反映了测量的准确程度。因此，在实验数据的记录和结果的计算中，保留几位数字不是任意的，要根据测量仪器、分析方法的准确度来决定，这就涉及有效数字的概念。

"有效数字"是指在分析工作中实际能够测量得到的数字，在保留的有效数字中，只有最后一位数字是可疑的（有 ±1 的误差），其余数字都是准确的。

例如，用电子天平称量某样品，称得质量为 5.3289g，则有 5 位有效数字。滴定管读数 22.21mL 中，22.2 是确定的，0.01 是可疑的，可能为（22.21±0.01）mL。有效数字的位数由所使用的仪器决定，不能任意增加或减少位数。如前例中滴定管的读数不能写成 22.210mL，因为仪器无法达到这种精度，也不能写成 22.2mL，而降低了仪器的精度。记录时在小数点后多写或少写一位"0"数字，从数学角度看关系不大，但是记录所反映的测量精确程度无形中被夸大或缩小了 10 倍。所以在数据中代表着一定量的每一个数字都是重要的。

数字"0"在数据中具有双重意义。若作为普通数字使用，它就是有效数字，若它只起定位作用，就不是有效数字。例如，在分析天平上称得重铬酸钾的质量为 0.0758g，此数据具有三位有效数字。数字前面的"0"只起定位作用，而不是有效数字。又如溶液浓度为 0.2100mol/L,后面两个"0"表示该溶液浓度准确到小数点后第三位,第四位可能会有 ±1 的误差,所以这两个"0"是有效数字。数据 0.2100 具有四位有效数字。某些数字如 5400,末位的"0"可以是有效数字,也可以仅是定位的非有效数字,为了避免混淆,最好用 10 的指数来表示。5400 写成 5.4×10^3, 表示二位有效数字,写成 5.40×10^3 则表示是三位有效数字。

2. 有效数字的修约规则

在运算数据过程中,保留不必要的非有效数字,只会增加运算的麻烦,既浪费时间又容易出错,不能正确地反映实验的准确程度。

在数据中,保留的有效数字中只有一位是未定数字。多余的数字(尾数)一律应舍弃。

有效数字的修约规则是"四舍六入五留双"。若被修约数字后面的数字 $\leqslant 4$ 时,应舍弃;若 $\geqslant 6$ 时,则应进位;若等于 5 时,5 的前一位是奇数则进位,而 5 的前一位是偶数则舍去。例如,将下列测量值修约为二位有效数字:

4.3468 修约为 4.3　　　0.305 修约为 0.30　　　7.3967 修约为 7.4

0.255 修约为 0.26　　　0.7451 修约为 0.74　　　0.2553 修约为 0.26

应当注意,在修约有效数字时,只能一次修约到所需位数,不可分次修约。例如,将 0.2749 修约到二位有效数字,应一次修约到 0.27,不可先修约到 0.275,再修约到 0.28。

3. 有效数字的运算规则

(1)加减法运算规则。几个数据相加或相减时,它的和或差的有效数字的保留,应依绝对误差最大或以小数点后位数最少的数据为标准。例如,将 0.0236、25.34 和 1.03693 三数相加,其中 25.34 为绝对误差最大的数据。

$$0.0236 + 25.34 + 1.03693 = 0.02 + 25.34 + 1.04 = 26.40$$

(2)乘除法运算规则。在几个数据的乘除运算中,所得结果的有效数字的位数取决于相对误差最大的那个数,即有效数字位数最少的数据。例如下式:

$$\frac{0.0325 \times 4.103 \times 50.06}{129.6} = 0.0515$$

(3)对数运算规则。对数的整数部分只起定位作用,不算有效数字,所取对数的小数点后的位数(不包括整数部分)应与原数据的有效数字的位数相等。例如:

$$\lg 102 = 2.00860017 \cdots$$

保留三位有效数字则为 2.009。

例如,氢离子的物质的量浓度为 $0.020 mol \cdot L^{-1}$,其对数值 $\lg[H^+]$ 应为 2.30,而不是 2.3 或 2.300。

(4)倍数或分数数字的表示规则。在化学计算中表示倍数或分数的数字,因其都是自然数而非测量值,故不应看作只有一位有效数字,而应认为是无限多位有效数字。

误差一般取一位有效数字,最多取二位有效数字。

3.3　基础化学实验中的数据的表达方法

取得实验数据后,应进行整理、归纳,并以简明的方法表达实验结果,通常有列表法、图解法和数学方程表示法三种,可根据具体情况选择使用。现将介绍常用的列表法和图解法两种表示法。

1. 列表法

将一组实验数据中的自变量和应变量的数值按一定形式和顺序一一对应列成表格,使得全部数据一目了然,便于进一步的处理、运算和检查。一张完整的表格应包含如下内容:表格的顺序号、名称、项目、说明及数据来源。表格的横排称为行,竖排称为列。列表时要注意以下几点:

(1)每一表格应用序号及完整而又简明的表名。在表名不足以说明表中数据含义时,则在表名或表格下方再附加说明,如有关实验条件、数据来源等。

(2)每个变量占表中一行,一般先列自变量,后列应变量。每一行的第一列应写出变量的名称和量纲。

(3)表中所列数值的有效数字位数应取舍适当;同一纵行中的小数点应对齐,以便相互比较;数值为零时应记作"0",数值空缺时应记一横划"—"。

(4)直接测量的数值可与处理的结果并列在一张表上,必要时在表的下方注明数据的处理方法或计算公式。

2. 作图法

将实验数据按自变量与因变量的对应关系绘成图形。实验数据通常需要作图处理,其特点是能直接显示数据的特点及其变化规律,能简明直观地揭示各变量之间的关系,从图上很容易找出数据的极大值、极小值、转折点及周期性等,利用图形可以求得斜率、截距、内插值、外推值及切线等。根据多次实验测量数据所描绘的图像一般具有"平均"的意义,由此可以发现和消除一些偶然误差。

作图步骤为:

(1)准备材料。作图需要应用直角坐标纸、铅笔、透明直角三角板、曲线尺等。

(2)选取坐标轴。通常用直角坐标轴,在坐标轴上画出两条互相垂直的直线,一条是横轴,一条是纵轴,分别代表实验数据的两个变量,习惯上以自变量为横坐标,应变量为纵坐标。

坐标轴上比例尺的选择原则:

①从图上读出的各种量的准确度和测量得到的准确度要一致,即使图上的最小分度与仪器的最小分度一致,最好能表示出全部有效数字。

②每一格所对应的数值要易读,有利于计算。例如,每单位坐标格应代表1、2、4、5的倍数,而不要采用3、6、7、9的倍数;通常可不必拘泥于以坐标原点作为分度的零点。曲线若系直线或近乎直线,则应使图形位于坐标纸的中央位置或对角线附近。

③坐标纸的大小必须能包括所有必需的数据且略有宽裕,这样可使图形布局匀称,既不使图形过大,甚至不能画出某些测量数据,也不使图形太小而偏于一角。

④若所作图形为直线,则应使直线与横坐标的夹角在45°左右,切勿使角度太大或太小。不一定把变量的零点作为原点。

(3)标定坐标点。根据实验测得的数据在坐标纸上画出相应的点,用符号○、×、△、□等表示清楚,若在同一图纸上画几条直(曲)线时,则每条线的代表点需用不同的符号表示。

(4)线的描绘。

用均匀光滑的曲线或直线连接坐标点,要求这条线尽可能接近或贯穿大多数的点,并使各点均匀地分布在曲线或直线两侧。若有的点偏离太大,则连线时可不考虑。这样描出的曲线或直线就能近似地反映被测量的平均变化情况。

在曲线的极大、极小或折点附近应多取些点,以保证曲线所表示规律的可靠性。对个别远离曲线的点,要分析原因,若是偶然的过失误差造成的,可不考虑这一点;若是重复实验情况不变,则应在此区间反复仔细测量,搞清是否存在某些规律,切不可轻易舍去远离曲线的点。

(5)标注数据及条件。图作好后,要写上图的名称,注明坐标轴代表的量的名称、所用单位、数值大小以及主要的测量条件。

3.4　实验预习、实验记录和实验报告

1. 实验预习

实验预习是无机及分析化学实验的重要组成部分,对实验能否成功,收获大小起着关键作用。教师应拒绝那些未预习的学生进行实验。具体要求如下:

(1)将实验目的、要求、反应式、试剂、产物、用量和规格等摘录于记录本上。

(2)写出实验原理,明确实验各操作过程的目的和意义。

(3)写出实验步骤。

(4)写出实验过程中可以出现的问题或不理解之处。

2. 实验记录

实验是培养学生科学素质的主要途径,要认真操作、仔细观察、积极思考,并将实验过程中各种数据、实验现象、颜色变化、实验结果等及时、如实地记录于记录本上。记录要简单明了,字迹清楚。

3. 实验报告

实验报告的内容大致包括以下几项:

(1)目的和要求。

(2)实验原理和方法。

(3)主要试剂及器皿。

(4)实验步骤及现象记录。

(5)结果。

(6)分析与讨论。

(7)回答思考题。

第4章　无机及分析化学实验

实验一　分析天平的称量练习

1. 实验目的

（1）了解机械加码分析天平和电子天平的构造,学会正确的称量方法。

（2）初步掌握直接法和递减称量法(减量法)的称样。

（3）了解在称量中如何运用有效数字。

2. 实验原理

分析天平是定量分析实验必备的精密衡量仪器。因此,了解分析天平的构造,掌握正确的称量方法及严格遵守天平的使用规则是成功地完成定量分析实验任务,维护好天平和提高实验效益的基本保证。详见3.10分析天平的使用。

3. 仪器、药品及材料

仪器:机械加码分析天平、电子天平、托盘天平、小烧杯(25mL或50mL)2只、称量瓶1只。

药品及材料:沙子、铝片。

4. 实验步骤

（1）使用前检查(以机械加码分析天平为例):

①取下天平罩,叠好放在恰当的地方。

②观察天平是否正常,例如天平是否关好,读数转盘是否归至零位,吊耳有无脱落、移位等。

③检查天平是否水平,水平仪中的气泡应位于水平仪的中心,若不水平,则需调节水平调节脚,使水平泡位于水平仪的中心。

④用毛刷刷净天平盘。

⑤检查和调整天平的空盘零点。注:这步操作十分重要,掌握用平衡螺丝(粗调)和拨杆(细调)调整天平零点是分析天平称量练习的基本内容之一。

电子天平的开机、通电预热、校准均由实验室技术人员负责完成,学生称量时只需按"开机"键、"去皮"键、"ON/OFF"键、关机键就可以使用,不能乱按,否则会引起功能设置混乱。

（2）直接法称量。向老师领取一已知质量的金属铝片样品，记下样品号。调好天平零点后，把它放在天平右盘的中央，进行称量。记录称量结果（精确至 0.1mg）并与老师核对。

（3）递减称量法（俗称差减法）练习。

①准备 2 只洁净、干燥并编有号码的小烧杯，先在台秤上粗称其质量（准确到 0.1g），记在记录本上。然后进一步在分析天平上精确称量，准确到 0.1mg（为什么？）。

②取一只装有试样的称量瓶，粗称其质量，再在分析天平上精确称量，记下质量为 m_1 g。然后自天平中取出称量瓶，将试样慢慢倾入上面已称出质量的第一只小烧杯中。倾样时，由于初次称量，缺乏经验，根据此质量估计不足的量（为倾出量的几倍），继续倾出此量，然后再准确称量，设为 m_2g，则 $m_1 - m_2$ 即为试样的质量。例如要求称量 0.2～0.4g 试样，若第一次倾出的量为 0.15g（不必称准至小数点后第四位，为什么？）则第二次应倾出相当于或加倍于第一次倾出的量，其总量即在需要的范围内。第一份试样称好后，再倾第二份试样于第二只烧杯中，称出称量瓶加剩余试样的质量，设为 m_3 g，则 $m_2 - m_3$ 即为第二份试样的质量。

③分别称出 2 只"小烧杯＋试样"的质量，记为 m_4 和 m_5。

④结果的检验：

（a）检查 $m_1 - m_2$ 是否等于第一只小烧杯中增加的质量；$m_2 - m_3$ 是否等于第二只小烧杯中增加的质量；如不相等，求出差值，要求称量的绝对差值小于 0.5mg。

（b）再检查倒入小烧杯中的两份试样的质量是否合乎要求（即在 0.2～0.4g 之间）。

（c）如不符合要求，分析原因并继续称量。

电子天平操作：将容器置于天平秤盘上，单击"去皮"键去皮，使显示屏上显示为"0.0000"，当采用固定质量称量法时，显示净重值；当采用差减称量法时，则显示负值。每次称量先去皮，即可直接得到称量值。

（4）分析天平称量后的检查。

①天平是否关好，吊耳是否滑落（电子天平关机须按住"OFF"键直到显示屏出现"OFF"后松开）。

②天平盘内有无脏物，如有则用毛刷刷净。

③砝码盒内的砝码是否按数归还原位。

④圈码有无脱落，读数转盘是否回至零位。

⑤天平罩是否罩好。

⑥天平电源是否切断。

（5）填写使用登记情况，经教师检查签字后，方可离开天平室。

思考题

（1）加减砝码、圈码和称量物时，为什么必须关闭天平？

（2）分析是否天平的灵敏度越高，称量的准确度就越高？

实验二　氯化钠的提纯

1. 实验目的

（1）掌握提纯 NaCl 的原理和方法，同时为进一步精制成试剂级纯度的氯化钠提供原料。

（2）学习台秤的使用以及加热、溶解、沉淀、常压过滤、减压过滤、蒸发浓缩、结晶和烘干等基本操作。

（3）了解 SO_4^{2-}、Ca^{2+}、Mg^{2+} 等离子的定性鉴定。

2. 实验原理

化学试剂或医药用的 NaCl 都是以粗食盐为原料提纯的。粗食盐中含有泥沙等不溶杂质和 Ca^{2+}，Mg^{2+}、K^+、SO_4^{2-} 等可溶性杂质。用过滤的方法可以除去不溶性杂质。加适当的试剂可使 Ca^{2+}，Mg^{2+}，SO_4^{2-} 等离子生成沉淀，再过滤除去。K^+ 等其他可溶性杂质含量少，蒸发浓缩后不结晶，仍留在母液中。

一般是先在食盐溶液中加入 $BaCl_2$ 溶液，除去 SO_4^{2-}。

$$Ba^{2+} + SO_4^{2-} =\!=\!=\!= BaSO_4 \downarrow$$

然后在溶液中加入 Na_2CO_3 溶液，除去 Ca^{2+}，Mg^{2+} 和过量的 Ba^{2+}。

$$Ca^{2+} + CO_3^{2-} =\!=\!=\!= CaCO_3(s) \downarrow$$

$$4Mg^{2+} + 5CO_3^{2-} + 2H_2O =\!=\!=\!= Mg(OH)_2 \downarrow + 3MgCO_3(s) \downarrow + 2HCO_3^-$$

$$Ba^{2+} + CO_3^{2-} =\!=\!=\!= BaCO_3(s) \downarrow$$

过量的 Na_2CO_3 溶液用盐酸中和。粗食盐中的 K^+ 与这些沉淀剂不起作用，仍留在溶液中，用蒸发浓缩的方法，使 NaCl 结晶出来，KCl 仍留在母液中。

3. 仪器、药品及材料

仪器：台秤、烧杯、蒸发皿、长颈漏斗、玻璃棒、酒精灯、洗瓶、普通漏斗、漏斗架、布氏漏斗、吸滤瓶、真空泵，量筒，石棉网，三角架，坩埚钳，泥三角。

药品：$HCl(2mol \cdot L^{-1})$、$HAc(2mol \cdot L^{-1})$、$NaOH(2mol \cdot L^{-1})$、$BaCl_2(1mol \cdot L^{-1})$、$Na_2CO_3(1mol \cdot L^{-1})$、$(NH_4)_2C_2O_4$（饱和）、镁试剂 I（对硝基苯偶氮间苯二酚）、用 $1mol \cdot L^{-1}$ 的 NaOH 配制成 0.1% 的溶液。

材料：pH 试纸、滤纸、粗食盐。

4. 实验步骤

（1）溶解粗食盐。称取 4g 粗食盐于 100mL 烧杯中，加 25mL 水，加热搅拌使粗食盐溶解（不溶性杂质沉于底部）。

（2）除去 SO_4^{2-}。加热溶液至近沸，边搅拌边逐滴加入 $1mol \cdot L^{-1}BaCl_2$ 溶液约

1mL。继续加热 5min，使沉淀颗粒长大而易于沉降。

（3）检查 SO_4^{2-} 是否除尽。将烧杯从石棉网上取下，待沉淀沉降后，在上层清液中加 1～2 滴 1mol·$L^{-1}BaCl_2$ 溶液，如果出现混浊，表示 SO_4^{2-} 尚未除尽，需继续加 $BaCl_2$ 溶液以除去剩余的 SO_4^{2-}。如果不混浊，表示 SO_4^{2-} 已除尽。过滤，弃去沉淀。

（4）除去 Ca^{2+}、Mg^{2+}、Ba^{2+} 等阳离子。将所得的滤液加热至近沸。边搅拌边滴加 1mol·L^{-1} 的 Na_2CO_3 溶液，直至不再产生沉淀为止。再多加 0.5mLNa_2CO_3 溶液，静置。

（5）检查 Ba^{2+} 是否除尽。在上层清液中，加几滴 1mol·$L^{-1}Na_2CO_3$ 溶液，如果出现混浊，表示 Ba^{2+} 未除尽，需在原溶液中继续加 Na_2CO_3 溶液直至除尽为止。过滤，弃去沉淀，保留滤液。

（6）除去过量的 CO_3^{2-}。往溶液中滴加 2mol·$L^{-1}HCl$，加热搅拌，中和到溶液的 pH 值约为 2～3（用 pH 试纸检查）。

（7）蒸发结晶。把滤液放入蒸发皿中，小火加热，将溶液浓缩至糊状，停止加热。冷却后减压抽滤，将 NaCl 抽干，并用少量 65%酒精溶液洗涤晶体，把晶体转移至事先称量好的表面皿中，放入烘箱内烘干。冷却，称出表面皿与晶体的总质量，计算产率。

$$产率 = \frac{精盐质量（g）}{4.0g} \times 100\%$$

（8）产品纯度的检验。取产品和原料各 1g，分别溶于 5mL 蒸馏水中，然后进行下列离子的定性检验。

①SO_4^{2-}。各取溶液 1mL 于 10mL 试管中，分别加入 2mol·$L^{-1}HCl$ 溶液 2 滴和 $BaCl_2$ 溶液 2 滴。比较两溶液中沉淀产生的情况。

②Ca^{2+}。各取溶液 1mL 于 10mL 试管中，加入 2 滴 2mol·$L^{-1}HAc$ 使呈酸性，再分别加入饱和$(NH_4)_2C_2O_4$ 溶液 3～4 滴，若有白色 CaC_2O_4 沉淀产生，表示有 Ca^{2+} 存在（该反应可作为 Ca^{2+} 的定性鉴定）。比较两溶液中沉淀产生的情况。

③Mg^{2+}。各取溶液 1mL 于 10mL 试管中，加 2mol·$L^{-1}NaOH$ 溶液 5 滴和镁试剂Ⅰ 2 滴，若有天蓝色沉淀生成，表示有 Mg^{2+} 存在（该反应可作为 Mg^{2+} 的定性鉴定）。比较两溶液的颜色。

思考题

（1）在除去 Ca^{2+}、Mg^{2+}、SO_4^{2-} 时，为什么要先加入 $BaCl_2$ 溶液，然后再加入 Na_2CO_3 溶液？

（2）在除 Ca^{2+}、Mg^{2+}、Ba^{2+} 等离子时，能否用其他可溶性碳酸盐代替 Na_2CO_3？

实验三　硫酸亚铁铵的制备及组成分析

1. 实验目的

（1）了解复盐的一般特性及硫酸亚铁铵的制备方法。

（2）熟练掌握水浴加热、蒸发、结晶和减压过滤的基本操作。

（3）掌握高锰酸钾滴定法测定 Fe^{2+} 的方法，并巩固产品中杂质 Fe^{3+} 的定量分析。

2. 实验原理

硫酸亚铁铵 $(NH_4)_2Fe(SO_4)_2 \cdot 6H_2O$ 俗称摩尔盐，为浅绿色晶体。它在空气中比一般亚铁盐稳定，不易被氧化，而且价格低，制造工艺简单，其应用广泛，工业上常用作废水处理的混凝剂，在农业上用作农药及化肥，在定量分析上常用作氧化还原滴定的基准物质。

像所有的复盐一样，硫酸亚铁铵在水中的溶解度比组成它的任何一个组分 $FeSO_4$ 或 $(NH_4)_2SO_4$ 的溶解度小（见下表）。因此，将含有 $FeSO_4$ 和 $(NH_4)_2SO_4$ 的溶液经蒸发浓缩、冷却结晶可得摩尔盐晶体。

硫酸亚铁、硫酸铵、硫酸亚铁铵在水中的溶解度表（g/100gH₂O）

温度（℃） 物质	10	20	30	40	60
$(NH_4)_2SO_4$	73.0	75.4	78.0	81.0	88
$FeSO_4 \cdot 7H_2O$	40.0	48.0	60.0	73.3	100
$(NH_4)_2Fe(SO_4)_2 \cdot 6H_2O$	17.23	36.47	45.0	—	—

本实验采用铁屑与稀硫酸作用生产硫酸亚铁溶液：

$$Fe + H_2SO_4 = FeSO_4 + H_2(g)$$

然后在硫酸亚铁溶液中加入硫酸铵并使其全部溶解，经蒸发浓缩，冷却结晶，得到 $(NH_4)_2Fe(SO_4)_2 \cdot 6H_2O$ 晶体。

$$FeSO_4 + (NH_4)_2SO_4 + 6H_2O = (NH_4)_2Fe(SO_4)_2 \cdot 6H_2O$$

产品的质量鉴定可以采用高锰酸钾滴定法确定有效成分的含量。在酸性介质中 Fe^{2+} 被 $KMnO_4$ 定量氧化为 Fe^{3+}，$KMnO_4$ 的颜色变化可以指示滴定终点的到达。

$$5Fe^{2+} + MnO_4^- + 8H^+ = 5Fe^{3+} + Mn^{2+} + 4H_2O$$

产品等级也可以通过测定其杂质 Fe^{3+} 的质量分数来确定。

3. 仪器、药品及材料

仪器：台秤、分析天平、恒温水浴、漏斗、漏斗架、布氏漏斗、吸滤瓶、循环水真空泵、烧杯（150mL，400mL）、试管（10mL）、量筒（50mL）、锥形瓶（150mL，250mL）、蒸发皿（125mL）、棕色酸式滴管、吸量管（10mL）、移液管（25mL）、表面皿、称量瓶。

药品：Na_2CO_3（$1mol \cdot L^{-1}$）、H_2SO_4（$3mol \cdot L^{-1}$）、HCl（$2mol \cdot L^{-1}$）、H_3PO_4（浓）、$(NH_4)_2SO_4$（s）、$KMnO_4$标准溶液（$0.100mol \cdot L^{-1}$）、无水乙醇、Fe^{3+}标准溶液（$0.010mol \cdot L^{-1}$）、KSCN（$1mol \cdot L^{-1}$）、铁屑、$K_3[Fe(CN)_6]$（$0.1mol \cdot L^{-1}$）、NaOH（$2mol \cdot L^{-1}$）。

材料：pH试纸、红色石蕊试纸。

4. 实验步骤

（1）硫酸亚铁铵的制备。

①废铁的净化。称取 2.0g 废铁于 150mL 烧杯中，加入 $20mL1mol \cdot L^{-1}Na_2CO_3$溶液，小火加热约 10min，以除去废铁的油污。用倾析法除去碱液，再用水洗净废铁。

②硫酸亚铁的制备。在盛有洗净废铁的烧杯中加入 $15mL3mol \cdot L^{-1}H_2SO_4$溶液，盖上表面皿，放在水浴上加热（在通风橱中进行），温度控制在 $70\sim80℃$，直至不再大量冒气泡，表示反应基本完成（反应过程中要适当添加去离子水，以补充蒸发掉的水分）。趁热过滤，将滤液转入 50mL 蒸发皿中。用去离子水洗涤残渣，用滤液吸干后称量，从而算出溶液中所溶解的废铁的质量。

③硫酸亚铁铵的制备。根据 $FeSO_4$ 的理论产量，计算所需$(NH_4)_2SO_4$的用量。称取$(NH_4)_2SO_4$固体，将其加入上述所制得的$FeSO_4$溶液中，在水浴上加热搅拌，使硫酸铵全部溶解，调 pH 为 $1\sim2$，蒸发浓缩至液面出现一层晶膜为止，取下蒸发皿，冷却至室温，使$(NH_4)_2Fe(SO_4)_2 \cdot 6H_2O$结晶出来。用布氏漏斗减压抽滤，用少量无水乙醇法洗去晶体表面所附着的水分，转移至表面皿上，晾干（或真空干燥）后称量，计算产率。

（2）产品检验。

①依据所学的知识，设计实验鉴定产品中的 NH_4^+、Fe^{2+} 和 SO_4^{2-}。

②$(NH_4)_2Fe(SO_4)_2 \cdot 6H_2O$ 质量分数粗略测定。称取 $0.8\sim0.9g$（准确至 0.001g）产品于 250mL 锥形瓶中，加入 50mL 除氧的去离子水、$15mL3mol \cdot L^{-1}H_2SO_4$、2mL浓$H_3PO_4$，使试样溶解。从吸量管中放出约 $5mLKMnO_4$标准溶液入锥形瓶中，加热至 $70\sim80℃$，再继续用 $KMnO_4$标准溶液滴至溶液刚出现为红色（30s 内不消失）为终点。

根据 $KMnO_4$ 标准溶液的用量（mL），按照下式计算产品中$(NH_4)_2Fe(SO_4)_2 \cdot 6H_2O$的质量分数：

$$\omega = 5c(KMnO_4) \cdot V(KMnO_4) \cdot M \times 10^{-3}(m)$$

式中：ω——产品中$(NH_4)_2Fe(SO_4)_2 \cdot 6H_2O$的质量分数；

　　　M——$(NH_4)_2Fe(SO_4)_2 \cdot 6H_2O$的摩尔质量；

　　　m——所取产品质量。

铁（Ⅲ）的定量分析：称1g样品置于25mL比色管中，用15mL不含氧的蒸馏水溶解。加入2mLHCl和1mL1mol·L^{-1}KSCN溶液，继续加不含氧的蒸馏水至25mL刻度。摇匀，所呈现的红色不得深于标准色。

标准：取含有下列数量Fe^{3+}的溶液15mL。

Ⅰ级试剂：0.05mg；Ⅱ级试剂：0.10mg；Ⅲ级试剂：0.20mg。

然后与样品同样处理（此标准由实验室准备）。

思考题

（1）制备硫酸亚铁铵时为什么要保持溶液呈强酸性？

（2）检验产品中Fe^{3+}的定量分数时，为什么要用不含氧的去离子水？

实验四　碳酸氢钠的制备

1. 实验目的

（1）掌握以粗食盐和碳酸氢铵为原料，利用复分解反应制取碳酸氢钠的原理和方法。

（2）学习溶解、水浴加热、减压过滤、冷却、结晶、固液分离等基本操作。

2. 实验原理

由氯化钠和碳酸氢铵作用制取碳酸氢钠的反应是一个复分解反应：

$$NaCl + NH_4HCO_3 \Longrightarrow NaHCO_3 + NH_4Cl$$

溶液中同时存在 $NaCl$、NH_4HCO_3、$NaHCO_3$、NH_4Cl 四种盐，它们在不同温度下的溶解度如下表所示。

四种盐在不同温度下的溶解度表（g/100gH_2O）

盐 ＼ 温度（℃）溶解度	0	10	20	30	40	50	60	70
NaCl	35.7	35.8	36.0	36.3	36.6	37.0	37.3	37.8
NH₄HCO₃	11.9	15.8	21.0	27.0	—	—	—	—
NaHCO₃	6.9	8.2	9.6	11.1	12.7	14.5	16.4	—
NH₄Cl	29.4	33.3	37.2	41.4	45.8	50.4	55.2	60.2

从上表可知，在 30～35℃ 范围内。$NaHCO_3$ 的溶解度在四种盐中是最低的，反应温度若低于 30℃，会影响 NH_4HCO_3 的溶解度，高于 35℃，NH_4HCO_3 会分解。本实验就是利用各种盐类在不同温度下溶解度的差异，进行复分解反应，控制 30～35℃ 的反应温度，将研细的 NH_4HCO_3 固体粉末，溶于浓的 $NaCl$ 溶液中，在充分搅拌下制取 $NaHCO_3$ 晶体。

因为粗食盐中有 Ca^{2+}、Mg^{2+} 等离子，当与 NH_4HCO_3 反应时会生成 $Ca(HCO_3)_2$ 和 $Mg(HCO_3)_2$ 等杂质。它们的溶解度均比 $NaHCO_3$ 的小，在产品中一起沉淀，影响产品的质量，因此，必须进行粗盐精制。

粗盐水精制可采用加入 $NaOH$ 和 Na_2CO_3 混合液调节 pH 值等于 11，使之生成碱式碳酸镁和碳酸钙沉淀，过滤除去。

3. 仪器、药品及材料

仪器：烧杯（100mL）、玻璃漏斗、恒温水浴、布氏漏斗、吸滤瓶、真空泵、研钵、台秤。

试剂：粗食盐水（25%）、$NaOH$（3.0mol·L^{-1}）、HCl（3.0mol·L^{-1}）、Na_2CO_3

（1.5mol·L^{-1}）、NH$_4$HCO$_3$（C.P）。

材料：定性滤纸、pH试纸（1～14）。

4. 实验步骤

（1）粗食盐水的精制。量取25%的粗食盐水50mL，放入100mL小烧杯中，用3.0mol·L^{-1}的NaOH和1.5mol·L^{-1}的Na$_2$CO$_3$组成的等体积混合碱液10mL左右，调节食盐水的pH值等于11（此时溶液明显变混浊），小心加热煮沸。待沉淀沉降后，在上面清液中，滴加1.5mol·L^{-1}Na$_2$CO$_3$溶液至不再产生沉淀为止。用常压过滤或减压过滤，分离沉淀。将滤液倒入洁净的小烧杯中，再以3.0mol·L^{-1}的盐酸调节溶液的pH值等于7，备用。

（2）NaHCO$_3$的制备。将上述精制后盛于小烧杯中的食盐水，放在水浴上加热，控制温度在30～35℃之间。称取20gNH$_4$HCO$_3$固体并研成细粉，在不断搅拌下，分几次加入食盐水中，加料完毕后继续充分搅拌，并保温10～15min左右，然后静置几分钟，减压过滤，并用少量冷水（不能多）淋洗晶体，以除去粘附的铵盐。再尽量抽干母液，取下洁白蓬松的NaHCO$_3$晶体，粗称其湿重。

（3）计算NaHCO$_3$的理论产量和实验收率。

提示：粗食盐的纯度按90%计。

思考题

（1）粗食盐水精制时为何要调节溶液pH值等于11？

（2）实验中为何要加入NH$_4$HCO$_3$固体粉末？而不是加入NH$_4$HCO$_3$溶液？

（3）粗食盐水精制后为何要加盐酸调节pH值等于7？

实验五　化学反应速率的测定

1. 实验目的

(1)了解浓度、温度及催化剂对化学反应速率的影响。

(2)测定$(NH_4)_2S_2O_8$与KI反应的速率、反应级数和速率常数。

2. 实验原理

$(NH_4)_2S_2O_8$和KI在水溶液中发生如下反应：

$$S_2O_8^{2-}(aq) + 3I^-(aq) \Longrightarrow 2SO_4^{2-}(aq) + I_3^-(aq) \tag{1}$$

这个反应的平均反应速率为

$$\bar{V} = -\frac{\Delta c(S_2O_8^{2-})}{\Delta t} = kc^{\alpha}(S_2O_8^{2-}) \cdot c^{\beta}(I^-)$$

式中：$\bar{V}$——反应的平均反应速率；

$\Delta c(S_2O_8^{2-})$——Δt 时间内 $S_2O_8^{2-}$ 的浓度变化；

$c(S_2O_8^{2-}), c(I^-)$——$S_2O_8^{2-}$，I^-的起始浓度；

k——该反应的速率常数；

α、β——反应物$S_2O_8^{2-}$，I^-的反应级数，$(\alpha+\beta)$为该反应的总级数。

为了测出在一定时间(Δt)内$S_2O_8^{2-}$的浓度变化，在混合$(NH_4)_2S_2O_8$和KI溶液的同时，加入一定体积的已知浓度的$Na_2S_2O_3$溶液和淀粉，这样在反应(1)进行的同时，还有以下反应发生：

$$2S_2O_3^{2-}(aq) + I_3^-(aq) \Longrightarrow S_4O_6^{2-}(aq) + 3I^-(aq) \tag{2}$$

由反应(1)生成的I_3^-会立即与$S_2O_3^{2-}$反应生成无色的$S_4O_6^{2-}$和I^-。这就是说，在反应开始的一段时间内，溶液呈无色，但当$Na_2S_2O_3$耗尽，由反应(1)生成的微量I_3^-就会立即与淀粉作用，使溶液呈蓝色。

由反应(1)和(2)的关系可以看出，每消耗 1mol$S_2O_8^{2-}$就要消耗 2mol 的$S_2O_3^{2-}$，即

$$\Delta c(S_2O_3^{2-}) = \frac{1}{2}\Delta c(S_2O_3^{2-})$$

由于在 Δt 时间内，$S_2O_3^{2-}$已全部耗尽，所以 $\Delta c(S_2O_3^{2-})$实际上就是反应开始时$Na_2S_2O_3$的浓度，即

$$-\Delta c(S_2O_3^{2-}) = c_0(S_2O_3^{2-})$$

在本实验中，由于每份混合液中$Na_2S_2O_3$的起始浓度都相同，因而 $\Delta c(S_2O_3^{2-})$也是相同的，这样，只要记下从反应开始到出现蓝色所需的时间(Δt)，就可以算出一定温度下该反应的平均反应速率：

$$\bar{V} = -\frac{\Delta c\left(S_2O_8^{2-}\right)}{\Delta t} = -\frac{\Delta c\left(S_2O_3^{2-}\right)}{2\Delta t} = \frac{c_0\left(S_2O_3^{2-}\right)}{2\Delta t}$$

按照初始速率法,从不同浓度下测得的反应速率,即可求出该反应的反应级数α和β,进而求得反应的总级数($\alpha+\beta$),反应的速率常数k。

催化剂Cu^{2+}可以加快反应的速率,Cu^{2+}的加入量不同,加快的反应速率也不同。

3. 仪器、药品及材料

仪器:恒温水浴、烧杯5个(50mL)、试管10个(10mL)、秒表1块、玻璃棒。

试剂:$(NH_4)_2S_2O_8$($0.2mol \cdot L^{-1}$)、KI($0.2mol \cdot L^{-1}$)、$Na_2S_2O_3$($0.05mol \cdot L^{-1}$)、KNO_3($0.2mol \cdot L^{-1}$)、$(NH_4)_2SO_4$($0.2mol \cdot L^{-1}$)、淀粉(0.2%)、$Cu(NO_3)_2$($0.02mol \cdot L^{-1}$)。

4. 实验步骤

(1)浓度对反应速率的影响,求反应级数、速率常数。在室温下,按浓度对反应速率的影响表中所列各反应物用量,用试管准确量取各试剂,除$0.2mol \cdot L^{-1}(NH_4)_2S_2O_8$外,其余各试剂均可按用量混合在各编号烧杯中,当加入$(NH_4)_2S_2O_8$溶液时,立即计时,并把溶液混合均匀,等溶液变蓝时停止计时,记下时间Δt和室温。

计算每次实验的反应速率v,并填入浓度对反应速率的影响表中。

浓度对反应速率的影响室温:°C

实验编号	1	2	3	4	5
$v[(NH_4)_2S_2O_8]$(mL)	10	5	2.5	10	10
$v(KI)$(mL)	10	10	10	5	2.5
$v(Na_2S_2O_3)$(mL)	3	3	3	3	3
$v(KNO_3)$(mL)				5	7.5
$v[(NH_4)_2SO_4]$(mL)		5	7.5		
v(淀粉溶液)(mL)	1	1	1	1	1
$c_0(S_2O_8^{2-})$(mol·L^{-1})					
$c_0(I^-)$(mol·L^{-1})					
$c_0(S_2O_3^{2-})$(mol·L^{-1})					
Δt(s)					
$\Delta c(S_2O_3^{2-})$(mol·L^{-1})					
V(mol·L^{-1}·s^{-1})					
$k[(mol \cdot L^{-1})^{1-\alpha-\beta} \cdot s^{-1}]$					

用上表中实验1、2、3的数据,依据初始速率法求α;用实验1、4、5的数据,求β,再求出($\alpha+\beta$);再由实验1的浓度计算k,并把计算结果填入表中。

(2)温度对反应速率的影响。按浓度对反应速率的影响表中实验1的试剂用量分别在高于室温 5℃、10℃和 15℃的温度下进行实验。这样就可测得这四个温度下的反应时间,并算出四个温度下的反应速率及速率常数,把数据和实验结果填入下表中。

温度对反应速率的影响

实验编号	$T(K)$	$\Delta t(s)$	$V(mol \cdot L^{-1} \cdot s^{-1})$	$k[(mol \cdot L^{-1})^{1-\alpha-\beta} \cdot s^{-1}]$
1				
6				
7				
8				

(3)催化剂对反应速率的影响。在室温下,按浓度对反应速率的影响表中实验 1 的试剂用量,再分别加入 1 滴、5 滴、10 滴 0.02mol·L^{-1}Cu(NO$_3$)$_2$ 溶液和 9 滴、5 滴、0 滴 0.2mol·L^{-1}(NH$_4$)$_2$SO$_4$溶液。

催化剂对反应速率的影响

实验编号	9	10	11
加入 Cu(NO$_3$)$_2$ 溶液(0.02mol·L^{-1})的滴数	1	5	10
加入(NH$_4$)$_2$SO$_4$ 溶液(0.2mol·L^{-1})的滴数	9	5	0
反应时间 Δt(s)			
反应速率 $V(mol \cdot L^{-1} \cdot s^{-1})$			

将催化剂对反应速率的影响表中的反应速率与实验 1 中的结果进行比较,能得出什么结论?

思考题

(1)若用 I$^-$(或 I$_3^-$)的浓度变化来表示该反应的速率,则 V 和 k 是否和用 S$_2$O$_8^{2-}$的浓度变化表示的一样?

(2)实验中当蓝色出现后,反应是否就终止了?

实验六　电位法测定醋酸解离常数

1. 实验目的

(1)学习溶液的配制方法及有关仪器的使用。
(2)学习醋酸解离常数的测定方法。
(3)学习酸度计的使用方法。

2. 实验原理

醋酸(CH_3COOH,简写为 HAc)是一元弱酸,在水溶液中存在如下解离平衡:

$$HAc(aq) + H_2O(1) \rightleftharpoons H_3O^+(aq) + Ac^-(aq)$$

其解离常数的表达式为

$$K_a^\theta(HAc) = \frac{[c(H_3O^+)/c^\theta][c(Ac^-)/c^\theta]}{c(HAc)/c^\theta}$$

若弱酸 HAc 的初始浓度为 $c_0 mol \cdot L^{-1}$,并且忽略水的解离,则平衡时:

$$c(HAc) = (c_0 - \chi) mol \cdot L^{-1}$$

$$c(H_3O^+) = c(Ac^-) = \chi mol \cdot L^{-1}$$

$$K_a^\theta = \frac{\chi^2}{c_0 - \chi}$$

在一定温度下,用 pH 计测定一系列已知浓度的弱酸溶液的 pH 值。根据 $pH = -\lg[c(H_3O^+)/c^\theta]$,求出 $c(H_3O^+)$,即 χ,代入上式,可求出一系列的 $K_a^\theta(HAc)$,取其平均值,即为该温度下醋酸的解离常数。

3. 仪器、药品及材料

仪器:pHS-2C 型酸度计、容量瓶(50mL)3 个(编为 1,2,3 号)、烧杯(50mL)4 个(编为 1,2,3,4 号)、移液管(25mL)1 支、吸量管(5mL)一支、洗耳球 1 个。

试剂:HAc($0.1 mol \cdot L^{-1}$,实验室标定浓度)标准溶液。

材料:碎滤纸。

4. 实验步骤

(1)不同浓度醋酸溶液的配制。

①向干燥的 4 号烧杯中倒入已知浓度的 HAc 溶液约 50mL。

②用移液管(或吸量管)自 4 号烧杯中分别吸取 2.5mL、5.0mL、25mL 已知浓度的 HAc 溶液,放入 1、2、3 号容量瓶中,加入离子水至刻度,摇匀。

(2)不同浓度醋酸溶液 pH 的测定。

①将上述 1、2、3 号容量瓶中的 HAc 溶液分别对号倒入干燥的 1、2、3 号烧

杯中。

②用 pH 计按 1～4 号烧杯（HAc 浓度由小到大）的顺序，依次测定醋酸溶液的 pH，并记录实验数据（保留两位有效数字）。

（3）数据处理。实验测得的 4 个 K_a^θ（HAc），由于实验误差可能不完全相同，可用下列方法处理求 K_a^θ（HAc）和标准偏差 s。

$$p K_a^\theta(\text{HAc})_{平均} = \frac{\sum_{i=1}^{n} K_a^\theta(\text{HAc}) K_a^\theta(\text{HAc})}{n}$$

$$s = \sqrt{\frac{\sum_{i=1}^{n} \left[K_{ai}^\theta(\text{HAc}) - K_a^\theta(\text{HAc}) \right]^2}{n-1}}$$

数据记录与处理

温度 _____ ℃，pH 计 _____，标准醋酸溶液的浓度 _____ mol·L⁻¹

烧杯编号	1	2	3	4
$c(\text{HAc})(\text{mol·L}^{-1})$				
pH				
$c(\text{H}_3\text{O}^+)(\text{mol·L}^{-1})$				
$K_a^\theta(\text{HAc})$				
$K_a^\theta(\text{HAc})_{平均}$				
s				

思考题

（1）实验所用烧杯、移液管（或吸量管）各用哪种 HAc 溶液润冲？容量瓶是否要用 HAc 溶液润冲？为什么？

（2）测定 HAc 溶液的 pH 时，为什么要按 HAc 浓度由小到大的顺序测定？

（3）实验所测的 4 种醋酸溶液的解离度各为多少？由此可以得出什么结论？

实验七　电离平衡和缓冲溶液

1. 实验目的

（1）通过实验进一步掌握弱电解质的电离平衡及其移动。

（2）学习缓冲溶液的配制及其pH值的测定，了解缓冲溶液的缓冲性能。

（3）了解缓冲容量与缓冲剂浓度和缓冲组分比值的关系。

2. 实验原理

（1）弱电解质在溶液中的电离平衡及移动。

若AB为弱电解质，则在水溶液中存在着下列电离平衡

$$AB \rightleftharpoons A^+ + B^-$$

达成平衡时，未电离的分子浓度和已电离成离子的浓度的关系为

$$c(A^+)c(B^-)/c(AB) = K_d^y$$

在此平衡系统中，若加入含有相同离子的强电解质，即增加A^+或B^-离子的浓度，平衡会向生成AB分子的方向移动，从而降低了弱电解质AB的电离度，这种现象叫作同离子效应。

（2）缓冲溶液。

弱酸及其盐（如HAc和NaAc）、弱碱及其盐（如$NH_3 \cdot H_2O$和NH_4Cl）或多元酸的酸式盐及其对应的次级盐（如NaH_2PO_4和Na_2HPO_4）的混合溶液，在一定程度上有缓冲作用，即当另外加入少量酸、碱或适当稀释时，此种混合溶液pH值变化不大，这种溶液叫作缓冲溶液。

3. 仪器、药品及材料

仪器：试管、试管架、量筒、烧杯、表面皿、玻璃棒。

试剂：NH_4Cl（固）、NaAc（固）、酚酞（0.1%的90%乙醇溶液）、甲基橙（0.05%的水溶液）、HCl、HAc（$0.1mol \cdot L^{-1}$）、$MgCl_2$（$0.2mol \cdot L^{-1}$）、$NH_3 \cdot H_2O$（$0.1mol \cdot L^{-1}$）、$NH_3 \cdot H_2O$（$2mol \cdot L^{-1}$）、NH_4Cl（$0.1mol \cdot L^{-1}$）、NaOH（$0.1mol \cdot L^{-1}$）、NaOH（$0.01mol \cdot L^{-1}$）、HCl（$0.01mol \cdot L^{-1}$）、Na_2HPO_4（$0.1mol \cdot L^{-1}$）、NaH_2PO_4（$0.1mol \cdot L^{-1}$）、$NaHCO_3$（$1mol \cdot L^{-1}$）、HAc（$1mol \cdot L^{-1}$）、NaAc（$0.1mol \cdot L^{-1}$）、NaAc（$1mol \cdot L^{-1}$）、NH_4Cl（饱和）。

材料：pH试纸（广泛、精密）。

4. 实验步骤

（1）同离子效应。

①往试管中加入2mL$0.1mol \cdot L^{-1}NH_3 \cdot H_2O$溶液，再滴1滴酚酞溶液，观察溶液

呈什么颜色？将此溶液分盛于两支试管中,往一支试管中加入一小勺 NH₄Cl 固体,摇荡使之溶解,观察溶液的颜色,并与另一支试管中溶液颜色相比较。

②往试管中加入 2mL 0.1mol·L⁻¹ HAc 溶液,再滴入 1 滴甲基橙,混合均匀,溶液呈什么颜色？将此溶液分盛于两支试管中,往一支试管中加入一小勺 NaAc 固体,摇荡使之溶解,观察溶液的颜色,并与另一支试管中溶液的颜色相比较。

③取两支试管,各加入 5 滴 0.2mol·L⁻¹ MgCl₂ 溶液,在其中一支试管中加入 5 滴饱和 NH₄Cl 溶液,然后分别往两支试管中加入 5 滴 2mol·L⁻¹ NH₃·H₂O,观察两支试管中发生的现象有何不同？为什么？

（2）缓冲溶液的配制和性质。

①缓冲溶液的配制。通过计算,把配制下列三种缓冲溶液所需各组分的体积数填入下表（总体积为 10mL）。

三种缓冲溶液的 pH 值

缓冲溶液	pH 值	组分	V(mL)	pH 值（实验值）
甲	4	0.1mol·L⁻¹　HAc 0.1mol·L⁻¹　NaAc		
乙	7	0.1mol·L⁻¹　Na₂HPO₄ 0.1mol·L⁻¹　NaH₂PO₄		
丙	10	0.1mol·L⁻¹　NH₃·H₂O 0.1mol·L⁻¹　NH₄Cl		

按照表中用量,配制出甲、乙、丙三种缓冲溶液,在标过号的 3 支试管中用广泛 pH 试纸测定它们的 pH 值,填入表中。试比较实验值与计算值是否相符。保留溶液,供下面的实验使用。

②缓冲溶液的性质。

对强酸、强碱的缓冲能力:在两支试管中各加入 3mL 蒸馏水,用广泛 pH 试纸测定其 pH 值,然后分别加入 0.1mol·L⁻¹ 盐酸和 0.1mol·L⁻¹ NaOH 各 3 滴,再用广泛 pH 试纸测定 pH 值。将实验①中配制的甲、乙、丙三种缓冲溶液,依次各取 3mL,分别加入三支试管中,往每支试管中各加 3 滴 0.1mol·L⁻¹ 盐酸。另取三支试管分别加甲、乙、丙三种缓冲溶液 3mL,再往每支试管中各加 3 滴 0.1mol·L⁻¹ NaOH 溶液。用广泛 pH 试纸测定上述六支试管中溶液的 pH 值。测定值有无变化？由这两个实验可得出什么结论？

对稀释的缓冲能力:取四支试管,依次加 pH＝4 的缓冲溶液、0.01mol·L⁻¹ 盐酸溶液（用 pH 试纸测其 pH 值）、pH＝10 的缓冲溶液、0.01mol·L⁻¹ NaOH（用 pH 试纸测其 pH 值）各 1mL,然后在各支试管中加水至 10mL,摇匀后用精密 pH 试纸测量其 pH 值。

通过实验说明缓冲溶液有什么性质？可用表格形式作比较。

③缓冲容量。

缓冲容量与缓冲剂浓度的关系。取两支试管,在一支试管中加入 $0.1mol \cdot L^{-1}$ HAc 和 $0.1mol \cdot L^{-1}$ NaAc 各 0.5mL,在另一支试管中加入 $1mol \cdot L^{-1}$ HAc 和 $1mol \cdot L^{-1}$ NaAc 各 0.5mL,然后分别加蒸馏水至 4mL,测定两支试管内溶液的 pH 值(是否相同)。往两支试管中分别加入甲基橙指示剂 2 滴,然后在两支试管中分别逐滴加入 $0.1mol \cdot L^{-1}$ 盐酸溶液(每加 1 滴均需摇动),直到溶液的颜色变成红色,记录每支试管中所加的滴数,解释现象。

缓冲容量与缓冲组分比值的关系。取两支大试管,往一支试管中加入 $0.1mol \cdot L^{-1}$ NH_4Cl 和 $0.1mol \cdot L^{-1}$ $NH_3 \cdot H_2O$ 各 2.5mL,此时

$$c(NH_4Cl)/c(NH_3 \cdot H_2O) = 1$$

另一支试管中加入 $4.5mL 0.1mol \cdot L^{-1}$ NH_4Cl 和 $0.5mL 0.1mol \cdot L^{-1}$ $NH_3 \cdot H_2O$,此时

$$c(NH_4Cl)/c(NH_3 \cdot H_2O) = 9$$

用精密 pH 试纸测量两溶液的 pH 值,然后在每管中加入 $1mL 0.1mol \cdot L^{-1}$ HCl,再用精密 pH 试纸测量它们的 pH 值。解释所观察的结果。

(3)设计性实验。设计实验,说明 $NaHCO_3$ 溶液具有缓冲能力。

思考题

(1)将 $10mL 0.1mol \cdot L^{-1}$ HAc 溶液和 $10mL 0.1mol \cdot L^{-1}$ NaOH 溶液混合,所得溶液是否有缓冲能力?

(2)在使用 pH 试纸检测溶液 pH 值时,应注意哪些问题?

(3)试解释为什么 $NaHCO_3$ 水溶液呈碱性,而 $NaHSO_4$ 水溶液呈酸性?

实验八　盐类水解与沉淀–溶解平衡

1. 实验目的

(1)了解盐类水解反应及其影响因素。

(2)学会用浓度积规则判断沉淀的生成、溶解、分步沉淀和沉淀的转化。

(3)学会利用沉淀反应分离混合离子。

2. 实验原理

(1)盐类的水解反应。盐类的水解反应是组成盐的离子和水电离出来的 H^+ 或 OH^- 离子相互作用,生成弱酸或弱碱的反应。盐类的水解反应往往使溶液呈碱性或酸性。弱酸强碱所生成的盐(如 NaAc)水解使溶液呈碱性;强酸弱碱所生成的盐(如 NH_4Cl)水解使溶液呈酸性;对于弱酸与弱碱所生成的盐的水解,则视生成的弱酸或弱碱的相对强度而定,如 $(NH_4)_2S$ 溶液呈碱性。通常水解后生成的酸或碱越弱,则盐的水解度越大。水解是吸热反应,加热可以促进水解作用。

(2)沉淀–溶解平衡。在含有难溶强电解质晶体的饱和溶液中,难溶强电解质与溶液中相应离子间的多相离子平衡,称为沉淀–溶解平衡。用通式表示如下:

$$A_mB_n(s) \longrightarrow mA^{n+}(aq) + nB^{m-}(aq)$$

其溶度积常数为

$$K_{sp}^{\ominus}(A_mB_n) =\!\!=\!\!= [c(A^{n-})/c^{\ominus}]^m [c(B^{m-})/c^{\ominus}]^n$$

沉淀的生成和溶解可以根据溶度积规则来判断:

$Q > K_{sp}^{\ominus}$,有沉淀析出,平衡向左移动;

$Q = K_{sp}^{\ominus}$,处于平衡状态,溶液为饱和溶液;

$Q < K_{sp}^{\ominus}$,无沉淀析出,或平衡向右移动,原来的沉淀溶解。

溶液 pH 值的改变、配合物的形成或发生氧化还原反应,往往会引起难溶电解质溶解度的改变。

对于相同类型的难溶电解质,可以根据其 $K_{sp}^{\ominus}$ 的相对大小判断沉淀的先后顺序。对于不同类型的难溶电解质,则要根据计算所需沉淀试剂浓度的大小来判断沉淀的先后顺序。

两种沉淀间相互转化的难易程度要根据沉淀转化反应的标准平衡常数确定。

利用沉淀反应可以分离溶液中的混合离子。

3. 仪器、药品及材料

仪器：试管、试管架、试管夹、离心试管、玻璃棒、酒精灯、铁三脚架、石棉网、烧杯、电动离心机、表面皿。

试剂：NaAc(s)、SbCl$_3$(s)、BiCl$_3$(s)、Na$_2$CO$_3$(0.1mol·L^{-1})、NaCl(0.1mol·L^{-1})、Al$_2$(SO$_4$)$_3$(0.1mol·L^{-1})、Na$_3$PO$_4$(0.1mol·L^{-1})、NaH$_2$PO$_4$(0.1mol·L^{-1})、Na$_2$HPO$_4$(0.1mol·L^{-1})、Na$_2$SO$_4$(0.1mol·L^{-1})、FeCl$_3$(0.1mol·L^{-1})、Pb(NO$_3$)$_2$(0.2mol·L^{-1},0.02mol·L^{-1})、KI(0.2mol·L^{-1},0.02mol·L^{-1})、K$_2$CrO$_4$(0.1mol·L^{-1})、AgNO$_3$(0.1mol·L^{-1})、CuSO$_4$(0.1mol·L^{-1})、ZnSO$_4$(0.1mol·L^{-1})、MnSO$_4$(0.1mol·L^{-1})、Na$_2$S(0.1mol·L^{-1})、HAc(2mol·L^{-1})、HCl(2mol·L^{-1},6mol·L^{-1})、HNO$_3$(2mol·L^{-1},6mol·L^{-1})、BaCl$_2$(0.1mol·L^{-1})、(NH$_4$)$_2$CO$_3$(饱和)、酚酞(0.1%的90%乙醇溶液)。

材料：广泛pH试纸。

4. 实验步骤

（1）盐类的水解。

①盐类的水解与溶液的酸碱性。

用pH试纸检验0.1mol·L^{-1}NaCl、0.1mol·L^{-1}Na$_2$CO$_3$及0.1mol·L^{-1}Al$_2$(SO$_4$)$_3$溶液的酸碱性，说明原因，并写出水解反应的离子方程式。

用pH试纸检验0.1mol·L^{-1}Na$_3$PO$_4$、0.1mol·L^{-1}Na$_2$HPO$_4$、0.1mol·L^{-1}NaH$_2$PO$_4$溶液的酸碱性。酸式盐是不是都显酸性，为什么？

②水解平衡。

温度对水解的影响。往一支试管中加入一粒绿豆大NaAc固体及4mL水，摇荡试管使NaAc溶解后再滴入1滴酚酞指示剂。然后将溶液分盛于两支试管中，将一支试管溶液加热至沸，比较两支试管中溶液的颜色，并解释之；在50mL烧杯中注入30mL水，加热至沸，滴加3～5滴1mol·L^{-1}FeCl$_3$溶液，有何现象？在溶液中逐滴加入0.1mol·L^{-1}Na$_2$SO$_4$溶液，又有何现象？解释原因。

将少量BiCl$_3$(或SbCl$_3$)固体加入盛有1mL蒸馏水的试管中，摇动。用pH试纸检验溶液的酸碱性。加6mol·L^{-1}HCl至沉淀刚好溶解，最后将所得溶液稀释，又有什么变化？解释上述现象，写出有关反应方程式。

往一支试管中加入3mL0.1mol·L^{-1}Na$_2$CO$_3$和2mL0.1mol·L^{-1}Al$_2$(SO$_4$)$_3$溶液，摇匀后，观察现象并解释之。写出反应的离子方程式。

（2）溶度积原理的应用。

①判断沉淀能否生成。

在一支试管中加入5滴0.2mol·L^{-1}Pb(NO$_3$)$_2$溶液，然后加入10滴0.02mol·L^{-1}KI溶液，观察有无沉淀生成。

在另一支试管中加入5滴0.02mol·L^{-1}Pb(NO$_3$)$_2$溶液，然后加入10滴0.2mol·L^{-1}KI溶液，观察有无沉淀生成。试从溶度积原理解释上述现象。

②分步沉淀。在离心试管中加入 6 滴 $0.1mol \cdot L^{-1}NaCl$ 溶液和 2 滴 $0.1mol \cdot L^{-1}K_2CrO_4$ 溶液,加水稀释至 2mL,摇匀后逐滴加入 6~8 滴 $0.1mol \cdot L^{-1}AgNO_3$ 溶液(边滴边摇)。离心沉淀后,观察生成的沉淀和溶液的颜色。再往清液中滴加数滴 $0.1mol \cdot L^{-1}AgNO_3$ 溶液,会出现什么颜色的沉淀? 根据沉淀的颜色(并通过有关溶度积的计算)判断哪一种难溶电解质先沉淀。

③沉淀的溶解。

在三支离心试管中分别加入 $1mL0.1mol \cdot L^{-1}CuSO_4$、$0.1mol \cdot L^{-1}ZnSO_4$、$0.1mol \cdot L^{-1}MnSO_4$ 溶液,再各加入 $1mL0.1mol \cdot L^{-1}Na_2S$ 溶液,离心分离,弃去清液。分别试验这三种沉淀在 $2mol \cdot L^{-1}HAc$、$2mol \cdot L^{-1}HCl$ 和 $6mol \cdot L^{-1}HNO_3$(水浴加热)中的溶解情况,比较这三种硫化物溶度积的大小。

在三支离心试管中分别加入 $1mL0.1mol \cdot L^{-1}Na_2CO_3$、$0.1mol \cdot L^{-1}K_2CrO_4$ 和 $0.1mol \cdot L^{-1}Na_2SO_4$ 溶液,再各加入 $1mL0.1mol \cdot L^{-1}BaCl_2$ 溶液,离心分离,弃去清液。分别试验这三种沉淀在 $2mol \cdot L^{-1}HAc$、$2mol \cdot L^{-1}HCl$ 和 $6mol \cdot L^{-1}HCl$ 中的溶解情况。

这三种难溶盐的溶度积相差不大,为什么在酸中的溶解情况却差别甚大? 解释之。

④沉淀的变化取一支离心试管。加入 $0.2mol \cdot L^{-1}Pb(NO_3)_2$ 和 $0.1mol \cdot L^{-1}NaCl$ 溶液各 5 滴,有何现象? 离心分离,弃去溶液,在沉淀中滴加 $0.2mol \cdot L^{-1}KI$ 溶液 5 滴,搅拌,观察沉淀颜色变化。说明原因并写出反应方程式。

⑤沉淀的转化。

生成弱电解质往离心试管中加 $0.1mol \cdot L^{-1}BaCl_2$ 溶液 5 滴,加饱和 $(NH_4)_2C_2O_4$ 溶液 3 滴,有何现象? 离心分离,弃去溶液,往沉淀中滴加 $6mo \cdot L^{-1}HCl$ 溶液,有什么现象? 写出反应方程式。

生成配离子往一支离心试管中加入 $0.1mol \cdot L^{-1}NaCl$ 溶液 10 滴,再加入 $0.1mol \cdot L^{-1}AgNO_3$ 溶液 1 滴,离心分离,弃去溶液,在沉淀中滴加 $2mol \cdot L^{-1}NH_3 \cdot H_2O$,有什么现象产生?写出反应方程式。

发生氧化还原反应往一支离心试管中加入 $0.1mol \cdot L^{-1}Na_2S$ 溶液 5 滴,再加入 $0.1mol \cdot L^{-1}AgNO_3$ 溶液 1 滴,有何现象? 离心分离,弃去滤液,往沉淀中加入 $6mol \cdot L^{-1}HNO_3$ 10 滴,水浴加热,有什么变化? 写出反应方程式。

⑥沉淀法分离混合离子。

利用试液自行配制含有离子 Cu^{2+}、Ba^{2+}、Mg^{2+} 的溶液并设计实验分离。

利用试液自行配制含有离子 Ag^+、Fe^{3+}、Al^{3+} 的溶液并设计实验分离。

思考题

(1)如何配制 $SbCl_3$、$BiCl_3$、$FeCl_3$、$SnCl_2$ 等盐的水溶液。

(2)能否把 $BaSO_4$ 转化为 $BaCO_3$? 为什么? 该转化有何实际意义?

(3)在沉淀反应中经常会用到离心机,应该注意哪些问题?

实验九　氧化还原反应

1. 实验目的

(1)加深理解氧化还原电位与氧化还原反应的关系。

(2)了解介质的酸碱性对氧化还原反应方向和产物的影响。

(3)了解反应物浓度和温度对氧化还原反应速率的影响。

(4)进一步理解氧化还原反应的可逆性和氧化剂、还原剂的相对性。

2. 实验原理

元素的氧化态及其还原态组成一个氧化还原电对,如Cu^{2+}/Cu^+、Fe^{3+}/Fe^{2+}、I_2/I^-、H^+/H_2、MnO_4^-/Mn^{2+}等。

某电对的氧化还原电位愈高,其氧化态的氧化能力愈强,某电对的氧化还原电位愈低,其还原态的还原能力愈强。

氧化还原电对的氧化还原电位的高低、除了取决于电对的本性,还与其氧化态与还原态的相对浓度、溶液的酸度及温度等有关。

氧化还原反应进行的方向,是强氧化剂与强还原剂作用,向生成弱还原剂与弱氧化剂方向进行。几个氧化还原物质同时存在时,氧化还原电对的氧化还原电位相差较大的首先反应。

3. 实验用品

仪器:量筒、雷磁ZD-2自动点位滴定仪、大小表面皿、烧杯、酒精灯、石棉网、水浴锅、试管、试管架、试管夹、玻璃棒。

药品:$Pb(NO_3)_2$($0.5mol \cdot L^{-1}$, $1mol \cdot L^{-1}$)、HAc($1mol \cdot L^{-1}$)、$CuSO_4$($0.05mol \cdot L^{-1}$)、$CuSO_4$($0.5mol \cdot L^{-1}$)、$ZnSO_4$($0.5mol \cdot L^{-1}$)、KI($0.02mol \cdot L^{-1}$)、KI($0.1mol \cdot L^{-1}$)、KIO_3($0.1mol \cdot L^{-1}$)、$FeSO_4$($0.1mol \cdot L^{-1}$)、碘水(饱和)、溴水(饱和)、$K_4[Fe(CN)_6]$($0.5mol \cdot L^{-1}$)、$NaNO_2$($0.1mol \cdot L^{-1}$)、$KMnO_4$($0.01mol \cdot L^{-1}$)、$K_2Cr_2O_7$($0.1mol \cdot L^{-1}$)、H_2SO_4($3mol \cdot L^{-1}$)、HNO_3($2mol \cdot L^{-1}$、浓)、$H_2C_2O_4$($0.1mol \cdot L^{-1}$)、Na_2SiO_3($0.5mol \cdot L^{-1}$)、Na_2SO_3($0.1mol \cdot L^{-1}$)、Na_2SO_3(s)、$NaOH$($6mol \cdot L^{-1}$)、H_2O_2(3%)、淀粉(0.5%)、$NH_3 \cdot H_2O$($2mol \cdot L^{-1}$)、浓氨水、CCl_4、$FeCl_3$($0.1mol \cdot L^{-1}$)、KBr($0.1mol \cdot L^{-1}$)。

材料:Zn粒、Pb粒、Zn片、Cu片、砂纸、蓝色石蕊试纸(或pH广泛试纸)。

4. 实验步骤

(1)氧化还原电位与氧化还原反应的关系。

①在2支小试管中分别加入20滴$0.5mol \cdot L^{-1}Pb(NO_3)_2$,20滴$0.5mol \cdot L^{-1}CuSO_4$,然后均放入2颗较大的光洁锌粒,振荡,放置10min后,弃去溶液,观察锌

粒表面有何变化,写出反应式。

②往 2 支小试管中分别加入 20 滴 $0.5mol \cdot L^{-1}ZnSO_4$,20 滴 $0.5mol \cdot L^{-1}CuSO_4$,然后均放入 2 颗较大的光洁的铅粒,振荡,放置 10～15min 后,弃去溶液,观察铅粒表面有无腐蚀痕迹。若有,则写出反应式。

根据以上①和②实验,定性比较:电对 Zn^{2+}/Zn、Pb^{2+}/Pb、Cu^{2+}/Cu 氧化还原电位的相对高低,Zn^{2+}、Pb^{2+}、Cu^{2+} 氧化性的相对强弱,Zn、Pb、Cu 还原性的相对强弱。

③往试管中加入 10 滴 $0.02mol \cdot L^{-1}KI$ 和 2 滴 $0.1mol \cdot L^{-1}FeCl_3$,振荡,观察溶液颜色的变化。然后加入 10 滴 CCl_4,充分摇荡、静置,观察 CCl_4 层的颜色。写出 Fe^{3+} 与 I^- 的反应式,解释实验现象。

④用 $0.1mol \cdot L^{-1}KBr$ 代替 KI 与 $FeCl_3$ 作用,观察溶液的颜色有无变化,说明 Fe^{3+} 与 Br^- 能否反应。往试管中加入 5 滴 $0.1mol \cdot L^{-1}FeSO_4$ 和 2 滴饱和 I_2 水,振荡后,观察溶液的颜色有无变化,表明 Fe^{3+} 与 I_2 能否反应。

⑤在 2 支试管中均加入 5 滴饱和溴水,再向其中 1 支加入约 5～8 滴 $0.1mol \cdot L^{-1}FeSO_4$,振荡后,在白色背景下比较两管溶液所呈现的颜色差别(若差别不明显,可滴加 1 滴 $0.1mol \cdot L^{-1}K_4[Fe(CN)_6]$,根据有无蓝色沉淀出现,判断有无 Fe^{3+} 生成)。写出 Fe^{2+} 与 Br_2 的反应式。

根据以上③、④和⑤的实验,定性比较:电对 Fe^{3+}/Fe^{2+}、$Br_2/2Br^-$ 和 $I_2/2I^-$ 氧化还原电位的相对高低,Fe^{3+}、Br_2、I_2 氧化性的相对强弱,Fe^{2+}、Br^-、I^- 还原性的相对强弱。

⑥在酸性介质中,$0.02mol \cdot L^{-1}KI$ 溶液与 3% 的 H_2O_2 的反应。

⑦在酸性介质中,$0.01mol \cdot L^{-1}KMnO_4$ 溶液与 3% 的 H_2O_2 的反应。

指出 H_2O_2 在⑥和⑦中的作用。

⑧在酸性介质中 $0.1mol \cdot L^{-1}K_2Cr_2O_7$ 溶液与 $0.1mol \cdot L^{-1}Na_2SO_3$ 溶液的反应。写出反应方程式。

⑨在酸性介质中 $0.1mol \cdot L^{-1}K_2Cr_2O_7$ 溶液与 $0.1mol \cdot L^{-1}FeSO_4$ 溶液的反应。写出反应方程式。

(2)浓度、酸度、温度对氧化还原产物和速率的影响。

●浓度的影响

①往 2 支各盛 1 颗锌粒的试管中,分别加入 10 滴浓 HNO_3、10 滴 $2mol \cdot L^{-1}HNO_3$,观察反应现象,判断两管中的反应产物。浓 HNO_3 被还原的主要产物可通过观察产生的气体的颜色来判断。稀 HNO_3 的还原产物可用溶液中是否有 NH_4^+ 产生的方法来确定。

②在两支试管中分别加入 3 滴 $0.5mol \cdot L^{-1}Pb(NO_3)_2$ 溶液和 3 滴 $1mol \cdot L^{-1}Pb(NO_3)_2$ 溶液,各加入 30 滴 $1mol \cdot L^{-1}HAc$ 溶液,混匀后,再逐滴加入 $0.5mol \cdot L^{-1}Na_2SiO_3$ 溶液约 26～

28滴,摇匀,用蓝色石蕊试纸检查溶液仍呈弱酸性。在90℃水浴中加热至试管中出现乳白色透明凝胶,取出试管,冷却至室温,在两支试管中同时插入表面积相同的锌片,观察两支试管中"铅树"生长速率的快慢,并解释之。

●酸度的影响

在三支试管中均加入相当于1小勺的Na_2SO_3固体(约0.1g)。再向第一管中加5滴$3mol·L^{-1}H_2SO_4$;向第二管中加5滴水;向第三管中加5滴$6mol·L^{-1}NaOH$,然后向三管中均加入$0.01mol·L^{-1}KMnO_4$约5滴,振荡,观察反应现象,写出离子方程式。

●温度的影响

在A,B两支试管中各加入$0.01mol·L^{-1}KMnO_4$溶液和3滴$2mol·L^{-1}H_2SO_4$溶液;在C,D两支试管中各加入$1mL 0.1mol·L^{-1}H_2C_2O_4$溶液。将A、C两试管放在水浴中加热几分钟后取出,同时将A中溶液倒入C中,将B中溶液倒入D中。观察C、D两试管中的溶液哪一个先褪色,并解释之。

(3)酸度对氧化还原反应方向的影响。将$0.1mol·L^{-1}KIO_3$溶液与$0.1mol·L^{-1}KI$溶液混合,观察有无变化。再滴入2滴$3mol·L^{-1}H_2SO_4$溶液,观察有何变化。再加入2滴$6mol·L^{-1}NaOH$溶液使溶液呈碱性,观察又有何变化。写出反应方程式并解释之。

思考题

(1)试由实验归纳出影响氧化还原电位大小的因素,它们都有一些什么样的影响?

(2)为什么$K_2Cr_2O_7$能氧化浓盐酸中的氯离子,而不能氧化NaCl浓溶液中的氯离子?

(3)$KMnO_4$在酸性、中性或弱碱性、强碱性3种介质中与还原剂反应的还原产物各是什么?反应溶液放置一段时间后,有何变化?为什么?

(4)根据氧化还原电位与氧化还原反应的关系,说明H_2O_2在何种条件下可作氧化剂?在什么条件下,可作还原剂?

(5)I^-与Fe^{3+}反应后,溶液呈棕色。加入CCl_4振荡后,下层的CCl_4层显红色。试从I_2的溶解性角度解释这两种液相所呈的不同颜色。

实验十　配位化合物的性质

1. 实验目的

（1）了解配离子的生成、组成和性质。

（2）了解配离子与简单离子、配合物与复盐在性质上的区别。

（3）比较不同配离子在水溶液中的稳定性。

（4）了解配位平衡与沉淀反应、氧化还原反应以及溶液酸碱性的关系。

（5）了解螯合物的形成与应用。

2. 实验原理

配合物是由形成体（又称为中心离子或原子）与一定数目的配位体（负离子或中性分子）以配位键结合而形成的一类复杂化合物，是路易斯（Lewis）酸和路易斯（Lewis）碱的加合物。配合物的内层与外层之间以离子键结合，在水溶液中完全解离。配位个体在水溶液中分步解离，其行为类似于弱电解质。在一定条件下，中心离子、配位体和配位个体间达到配位平衡，例如：

$$Cu^{2+} + 4NH_3 \longrightarrow [Cu(NH_3)_4]^{2+}$$

相应反应的标准平衡常数 $K_f^\ominus$ 称为配合物的稳定常数。对于相同类型的配合物，$K_f^\ominus$ 数值愈大，配合物就愈稳定。

在水溶液中，配合物的生成反应主要有配位体的取代反应和加合反应，例如：

$$[Fe(SCN)_n]^{3-n} + 6F^- \longrightarrow [FeF_6]^{3-} + nSCN^-$$

$$HgI_2(S) + 2I^- \longrightarrow [HgI_4]^{2-}$$

配合物形成时往往伴随溶液颜色、酸碱性（即 pH）、难溶电解质溶解度、中心离子氧化还原性的改变等特征。

利用一些配位离子的形成可以用来分离、鉴定某些简单离子。

3. 实验用品

仪器：试管、试管架、试管夹、玻璃棒、酒精灯、石棉网、烧杯。

药品：HCl（1mol·L^{-1}，浓）、NH$_3$·H$_2$O（2mol·L^{-1}、6mol·L^{-1}）、NaOH（0.1mol·L^{-1}）、KI（0.1mol·L^{-1}、2mol·L^{-1}）、NaCl（0.1mol·L^{-1}）、KBr（0.1mol·L^{-1}）、K$_4$[Fe(CN)$_6$]（0.1mol·L^{-1}）、K$_3$[Fe(CN$_6$)]（0.1mol·L^{-1}）、Na$_2$S（0.1mol·L^{-1}）、Na$_2$S$_2$O$_3$（0.1mol·L^{-1}）、Na$_2$–EDTA（0.1mol·L^{-1}）、NH$_4$SCN（0.1mol·L^{-1}）、KSCN（0.1mol·L^{-1}）、(NH$_4$)$_2$C$_2$O$_4$（饱和）、NH$_4$F（2mol·L^{-1}）、NH$_4$Fe(SO$_4$)$_2$（0.1mol·L^{-1}）、AgNO$_3$（0.1mol·L^{-1}）、Al(NO$_3$)$_3$（0.1mol·L^{-1}）、Cu(NO$_3$)$_2$（0.1mol·L^{-1}）、BaCl$_2$（0.1mol·L^{-1}）、CuSO$_4$（0.1mol·L^{-1}）、HgCl$_2$（0.1mol·L^{-1}）、

$FeCl_3(0.1mol \cdot L^{-1})$、$Ni^{2+}$试液、$Fe^{3+}$和$Co^{2+}$混合试液、碘水、1%丁二酮肟、95%乙醇、戊醇。

材料:蓝色石蕊试纸、砂纸、锌粉、锌片。

4. 实验步骤

(1)简单离子与配离子的区别。在分别盛有2滴$0.1mol \cdot L^{-1}FeCl_3$溶液和$K_3[Fe(CN)_6]$溶液的2支试管中,分别滴入2滴$0.1mol \cdot L^{-1}NH_4SCN$溶液,有何现象? 两种溶液中都有$Fe(Ⅲ)$,如何解释上述现象?

(2)配位化合物与复盐的区别。往3支试管中各加入10滴$0.1mol \cdot L^{-1}NH_4Fe(SO_4)_2$溶液,分别用$0.1mol \cdot L^{-1}NaOH$溶液、$0.1mol \cdot L^{-1}KSCN$溶液和$0.1mol \cdot L^{-1}BaCl_2$溶液来检验溶液中的$NH_4^+$、$Fe^{3+}$和$SO_4^{2-}$。写出反应方程式。比较实验内容及本实验的结果,试说明配位化合物与复盐的区别。

(3)配离子稳定性的比较。

①往盛有2滴$0.1mol \cdot L^{-1}FeCl_3$溶液的试管中,加$0.1mol \cdot L^{-1}NH_4SCN$溶液数滴,有何现象? 然后再逐滴加入饱和$(NH_4)_2C_2O_4$溶液,观察溶液颜色有何变化。写出有关反应方程式,并比较Fe^{3+}的两种配离子的稳定性大小。

②在盛有5滴$0.1mol \cdot L^{-1}AgNO_3$溶液的试管中,加入5滴$0.1mol \cdot L^{-1}NaCl$溶液,观察现象,然后在该试管中按下列的次序进行试验:

滴加$6mol \cdot L^{-1}$氨水(不断摇动试管)至沉淀刚好溶解。

加5滴$0.1mol \cdot L^{-1}KBr$溶液,有何沉淀生成?

往沉淀中滴加$1mol \cdot L^{-1}Na_2S_2O_3$溶液至沉淀溶解。

滴加$0.1mol \cdot L^{-1}KI$溶液,又有何沉淀生成?

写出以上各反应的方程式,并根据实验现象比较:

$[Ag(NH_4)_2]^+$、$[Ag(S_2O_3)_2]^{3-}$的稳定性大小。

$AgCl$、$AgBr$、AgI的K_{sp}^y的大小。

③在$0.5mL$碘水中,逐滴加入$0.1mol \cdot L^{-1}K_4[Fe(CN)_6]$溶液,振荡,有何现象? 写出反应式。

结合Fe^{3+}可以把I^-氧化成I_2这一实验结果,试比较(Fe^{3+}/Fe^{2+})与$([Fe(CN)_6]^{3-}/[Fe(CN)_6]^{4-})$的大小,并根据两者电极电势的大小,比较$[Fe(CN)_6]^{3-}$和$[Fe(CN)_6]^{4-}$稳定性的大小。

(4)配位-离解平衡的移动。在盛有$5mL0.1mol \cdot L^{-1}CuSO_4$溶液的小烧杯中加入$6mol \cdot L^{-1}$氨水直至最初生成的碱式盐$Cu_2(OH)_2SO_4$沉淀又溶解为止。然后加入$6mL95\%$的乙醇。观察晶体的析出。将晶体过滤,用少量乙醇洗涤晶体,观察晶体的颜色。写出反应式。

取上面制备的$[Cu(NH_3)_4]SO_4$晶体少许溶于$4mL2mol \cdot L^{-1}$氨水中,得到含$Cu(NH_3)_4^{2+}$的溶液。今欲破坏该配离子,请按下述要求,自己设计实验步骤进行实验,并写出有关反应式。

①利用酸碱反应破坏 $Cu(NH_3)_4^{2+}$。

②利用沉淀反应破坏 $Cu(NH_3)_4^{2+}$。

③利用氧化还原反应破坏 $Cu(NH_3)_4^{2+}$。

提示:

$$Cu(NH_3)_4^{2+} + 2e \rightleftharpoons Cu + 4NH_3 \quad \Phi^0 = -0.02V$$

$$Zn(NH_3)_4^{2+} + 2e \rightleftharpoons Zn + 4NH_3 \quad \Phi^0 = -1.02V$$

④利用生成更稳定配合物(如螯合物)的方法破坏 $Cu(NH_3)_4^{2+}$。

(5)配合物的某些应用。

①利用生成有色配合物定性鉴定某些离子。

$$CH_3—C=N—OH$$
$$|$$
$$CH_3—C=N—OH$$

丁二酮肟分子中两个 N 原子均可与 Ni 配位,形成五元环螯合物。丁二酮肟是弱酸,H^+ 浓度太大,Ni^{2+} 沉淀不完全或不生成沉淀。但 OH^- 的浓度也不宜太大,否则会生成 $Ni(OH)_2$ 的沉淀。合适的酸度是 pH5～10。

实验:在白色点滴板上加入 1 滴 Ni^{2+} 试液,1 滴 $6mol \cdot L^{-1}$ 氨水和 1 滴 0.01% 的丁二酮肟溶液,有鲜红色沉淀生成表示有 Ni^{2+} 存在。

②利用生成配合物掩蔽干扰离子在定性鉴定中如果遇到干扰离子,常常利用形成配合物的方法把干扰离子掩蔽起来。例如 Co^{2+} 的鉴定,可利用它与 SCN^- 反应生成 $[Co(SCN)_4]^{2-}$,该配离子易溶于有机溶剂而呈现蓝绿色。若 Co^{2+} 溶液中含有 Fe^{3+},因 Fe^{3+} 遇 SCN^- 生成红色的配离子而产生干扰。这时,我们可利用 Fe^{3+} 与 F^- 形成更稳定的无色 $[FeF_6]^{3-}$,把 Fe^{3+} "掩蔽"起来,从而避免它的干扰。

取 Fe^{3+} 和 Co^{2+} 混合试液 2 滴于一试管中,加 8～10 滴饱和 NH_4SCN 溶液,有何现象产生?逐滴加入 $2mol \cdot L^{-1}NH_4F$ 溶液,并摇动试管,有何现象? 最后加戊醇 6 滴,振荡试管,静置,观察戊醇层的颜色(这是 Co^{2+} 的鉴定方法)。

(6)分离混合离子。

①某溶液中含有 Ba^{2+}、Al^{3+}、Fe^{3+}、Ag^+ 等离子,试设计方法分离之。写出有关反应方程式。

②某溶液中含有 Ba^{2+}、Pb^{2+}、Fe^{3+}、Zn^{2+} 等离子,自己设计方法分离之。写出有关的反应方程式。

思考题

(1)配合物和复盐的主要区别是什么?

(2)如何正确使用电动离心机?

(3)衣服上沾有铁锈时,常用草酸去洗,试说明原理。

(4)可用哪些不同类型的反应,使$FeSCN^{2+}$的红色褪去?

(5)在印染业的染液中,常因某些离子(如Fe^{3+},Cu^{2+}等)使染料颜色改变,加入EDTA便可纠正此弊处,试说明原理。

(6)请用适当的方法将下列各组化合物逐一溶解:

①$AgCl$,$AgBr$,AgI;②$Mg(OH)_2$,$Zn(OH)_2$,$Al(OH)_3$;③CuC_2O_4,CuS。

(7)同一金属离子的不同配离子可以相互转化的条件是什么?

实验十一　酸碱标准溶液的配制和比较滴定

1. 实验目的

（1）了解标准溶液的配制方法：直接法和间接法。

（2）学习滴定管的准备、使用及滴定操作。

（3）熟悉甲基橙和酚酞指示剂的使用和终点的确定。

2. 实验原理

酸碱滴定中常用盐酸和氢氧化钠溶液作为标准溶液，但由于浓盐酸容易挥发，NaOH 易吸收空气中的水分和 CO_2，不符合直接法配制的要求，只能先配制到近似浓度的溶液，然后用基准物质标定其准确浓度，即间接法配制。也可用已知准确浓度的标准溶液来标定其浓度。通过滴定得到 V_{NaOH}/V_{HCl} 比值，由标定出的 NaOH 浓度 c_{NaOH} 可算出 HCl 的浓度 c_{HCl}。强酸滴定强碱在反应完成点的附近，pH 突跃范围比较大（4.3～9.7），因此可用甲基橙、甲基红、中性红或酚酞等指示剂指示终点。

3. 仪器、药品及材料

仪器：酸式、碱式滴定管各 1 支（50mL）、锥形瓶 3 只、移液管一支、洗瓶一只、台天平、量筒。

药品：NaOH（固体）、浓盐酸（1.19g·cm⁻³）、甲基橙水溶液（0.05%）、酚酞乙醇溶液（0.1%）。

4. 实验步骤

（1）0.1mol·L⁻¹HCl 和 0.1mol·L⁻¹NaOH 溶液的配制。

HCl 溶液配制：用洁净量筒量取浓盐酸 4～4.5mL，倒入洁净的试剂瓶中，用水稀释至 500mL，盖上玻璃塞，摇匀，贴上标签备用。

NaOH 溶液配制：通过计算求出配制 500mLNaOH 溶液所需固体 NaOH 质量，在台秤上用小烧杯称 NaOH，加水溶解，然后将溶液倾入洁净的试剂瓶中，用水稀释至 500mL，旋上塞子，摇匀，贴上标签。

（2）酸碱标准溶液浓度的比较。

预先准备好洁净的酸式滴定管和碱式滴定管各一支，试漏后，用去离子水淋洗 3 次。然后用少量 HCl 标准溶液淋洗酸式滴定管 3 次，每次用量 5～10mL。再装满溶液，驱除下端气泡调节液面于 0.00 刻度线或略低于 0.00 刻度线，静止 1min 后方可读数。用同样操作步骤把 NaOH 标准溶液装入碱式滴定管。及时记录下酸式滴定管和碱式滴定管的初读数（如下表）。

酸碱标准溶液浓度的比较滴定

（指示剂：甲基橙）年 月 日

编号	I	II	III
HCl 最后读数（mL）	21.20	22.18	23.18
开始读数（mL）	0.06	0.55	2.25
V_{HCl}（mL）	21.14	21.63	20.93
NaOH 最后读数（mL）	20.08	20.76	20.38
开始读数（mL）	0.08	0.04	0.56
V_{NaOH}（mL）	20.00	20.72	19.82
V_{HCl}/V_{NaOH}	1.057	1.044	1.056
平均值	1.052		
平均相对偏差	0.5		

由碱式滴定管放出 20mL 左右 NaOH 溶液于 250mL 锥形瓶中，加入甲基橙指示剂 1～2 滴，然后从酸式滴定管放出酸，滴定锥形瓶中的碱，同时不断摇动锥形瓶，使溶液混匀，待接近终点时，酸液应逐滴或半滴地加入锥形瓶中，挂在瓶壁上的酸可用去离子水淋洗下去，直至被滴定溶液由黄色恰好变为橙黄色，即为滴定终点。如果颜色观察有疑问或终点已过，可继续由碱式滴定管加入少量 NaOH 溶液，被滴液呈黄色，再以 HCl 溶液滴定。当半滴酸液加入后被滴液恰现橙黄色为止（如此可反复进行，直至能较为熟练地掌握滴定操作和判断滴定终点）。仔细读取酸、碱滴定管的最终读数，准确到 0.01mL，并记录和计算出 V_{HCl}/V_{NaOH}。

再次将标准溶液分别装满酸、碱滴定管，重复上述比较操作，计算出体积比，同样测定 3 次，直至 3 次测定结果与平均值的相对偏差小于 ±0.2%，否则应重做。

酸碱溶液浓度比较也可采用酚酞指示剂。若以酚酞作指示剂应以碱滴定酸的方式进行，溶液由无色恰变为淡粉红色为终点，算出 V_{HCl}/V_{NaOH} 值，与采用甲基橙作指示剂的 V_{HCl}/V_{NaOH} 值比较，试说明原因。

思考题

（1）配制酸碱标准溶液时，为什么可直接用量筒量取盐酸和用台秤称量固体 NaOH，而不用移液管和分析天平？

（2）如何检验玻璃器皿是否洗净？当用去离子水淋洗滴定管后，为什么还要用待装溶液淋洗三遍？本实验中锥形瓶是否应烘干？为什么？

（3）滴定时，指示剂用量为什么不能太多？用量与什么因素有关？

（4）当进行平行滴定时，为什么每次必须添加溶液至零刻度附近，而不可继续用滴定管中剩余的溶液进行滴定？

实验十二　盐酸标准溶液浓度的标定

1. 实验目的

(1)进一步练习滴定操作和天平减量法称量。

(2)熟悉指示剂的选择和滴定终点的确定。

(3)学会基准物质标定溶液浓度的方法。

2. 实验原理

市售的浓盐酸没有准确的浓度,同时浓盐酸易挥发,因此需要采用标定法来配制其标准溶液。

(1)标定盐酸的基准物常用无水碳酸钠或硼砂。以无水碳酸钠为基准标定酸时,反应终点时的pH为3.89,可选用溴甲酚绿–二甲基黄混合指示剂指示终点,其终点颜色有绿色边为亮黄色。反应式如下:

$$Na_2CO_3 + 2HCl \longrightarrow 2NaCl + H_2CO_3$$
$$\Big\downarrow H_2O + CO_2\uparrow$$

以硼砂$Na_2B_4O_7 \cdot 10H_2O$为基准物时,反应产物是硼酸($K_a^y = 5.7 \times 10^{-10}$)和氯化钠,溶液呈微酸性,pH约为5.1,滴定时的pH突跃范围为5.9~4.3,可选用甲基红为指示剂,反应如下:

$$Na_2B_4O_7 + 2HCl + 5H_2O \longrightarrow 2NaCl + 4H_3BO_3$$

3. 仪器、药品及材料

仪器:分析天平、酸式滴定管1支(50mL)、锥形瓶3只、移液管1支、洗瓶1只、台天平、量筒。

药品:HCl标准溶液($0.1\,mol \cdot L^{-1}$)、Na_2CO_3基准物质(先置于烘箱中(270~300℃)烘干至恒重后,保存于干燥器中)、溴甲酚绿–二甲基黄混合指示剂(取4份0.002%溴甲酚绿酒精溶液和1份0.002%二甲基黄酒精溶液,混匀)。

4. 实验步骤

用减量法准确称取Na_2CO_3大约0.13~0.15g,置于250mL锥形瓶中,各加去离子水80mL,使之溶解,加溴甲酚绿–二甲基黄混合指示剂8滴,用欲标定的HCl溶液滴定,近终点时,应逐滴或半滴加入,直至被滴定的溶液由绿色变为亮黄色(不带黄绿色),即为终点。读取读数并正确记入记录表格内。

根据Na_2CO_3的质量m和消耗HCl溶液的体积V_{HCl},可按下式计算HCl标准溶液的浓度c_{HCl}。

$$c_{HCL} = \frac{m \times 2000}{M_{Na_2CO_3} \cdot V_{HCL}}$$

式中：$M_{Na_2CO_3}$ 为碳酸钠的摩尔质量。

重复以上操作，直至 3 次测定结果的相对平均偏差在 0.2% 之内，取其平均值。

实验数据处理示例

记录项目 \ 次数	1	2	3
称量瓶＋Na₂CO₃（前）m_1	g	g	g
称量瓶＋Na₂CO₃（前）m_2	g	g	g
Na₂CO₃ 的质量 m	g	g	g
V（HCl 终读数）	mL	mL	mL
V（HCl 初读数）	mL	mL	mL
ΔV_{HCl}	mL	mL	mL
c_{HCl}	mol/L	mol/L	mol/L
$\bar{c}_{HCl}$	mol/L		
相对平均偏差			

思考题

（1）用 Na₂CO₃ 标定 HCl 溶液时为什么可用溴甲酚绿–二甲基黄作指示剂？能否改用酚酞作指示剂？

（2）盛放 Na₂CO₃ 的锥形瓶是否需要预先烘干？加入的水量是否需要精确？

实验十三 NaOH溶液的标定

1. 实验目的

（1）进一步练习滴定操作和天平减量法称量。

（2）熟悉指示剂的选择和滴定终点的确定。

（3）学会基准物质标定溶液浓度的方法。

2. 实验原理

常用酸性物质邻苯二甲酸氢钾（$KHC_8H_4O_4$）为基准物，以酚酞为指示剂来标定 NaOH 溶液。邻苯二甲酸氢钾含有一个可电离的 H^+ 离子，标定时的反应式为

$$KHC_8H_4O_4 + NaOH \Longrightarrow KNaC_8H_4O_4 + H_2O$$

邻苯二甲酸氢钾作为基准物的优点是：易于干燥和获得纯品，摩尔质量大等。

3. 仪器、药品及材料

仪器：分析天平、碱式滴定管 1 支（50mL）、锥形瓶 3 只、移液管 1 支、洗瓶 1 只、台天平、量筒。

药品：NaOH 标准溶液（$0.1 mol \cdot L^{-1}$）、邻苯二甲酸氢钾（$KHC_8H_4O_4$）基准物质、酚酞指示剂（0.2%的乙醇溶液）。

4. 实验步骤

在分析天平上从称量瓶中用减量法准确称取 3 份已在 105～110℃烘过 1h 以上的分析纯邻苯二甲酸氢钾，每份 0.4～0.7g，放入 250mL 的锥形瓶中，用 50mL 左右蒸馏水使之溶解，可以稍加热助溶。冷却后加入 2～3 滴酚酞指示剂，用待标定的 NaOH 标准溶液滴定至微红色，30s 内不褪即为终点。根据邻苯二甲酸氢钾的质量和所用的 NaOH 标准溶液的体积计算 NaOH 标准溶液的准确浓度。3 份测定的相对平均偏差应小于0.2%，否则应重复测定。

5. 实验数据处理

参照盐酸滴定设计表格。

思考题

（1）为什么在洗净的滴定管装入标准溶液前要用该溶液淋洗数次？滴定用的锥形瓶是否也要同样处理？

（2）滴定完一份试液后，若滴定管中还有足够的标准溶液，是否就继续滴定下去，不必添加到"0.00"附近再滴定下一份？

（3）滴定时加入指示剂的量为什么不能太多？试根据指示剂平衡移动的原理说明。

（4）为什么用盐酸滴定氢氧化钠时用甲基橙为指示剂，相反的滴定要用酚酞？

（5）为什么在标定实验中，要求称取0.4～0.7g基准邻苯二甲酸氢钾？称量过多或过少会引起什么问题？

实验十四 食碱中总碱度的测定

1. 实验目的

(1)掌握食碱中总碱度测定的原理和方法。

(2)熟悉酸碱滴定法中指示剂的选择原则。

(3)学会分步测定和双指示剂的应用。

2. 实验原理

食碱的主要成分为 $NaHCO_3$，但常含有一定量的 Na_2CO_3。如要分别测定它们的含量，可用双指示剂连续滴定法，也就是同一份样品，在滴定中用两种指示剂来指示两个不同的终点。由于 Na_2CO_3 的碱性比 $NaHCO_3$ 强，所以在它们的混合液中，用 HCl 滴定时，首先是与 Na_2CO_3 中和，只有当 Na_2CO_3 完全变为 $NaHCO_3$ 时，才进一步与 $NaHCO_3$ 作用。因此可以先用酚酞为指示剂，用 HCl 滴定至 Na_2CO_3 完全生成 $NaHCO_3$（第一化学计量点）以测定 Na_2CO_3，终点时 pH 值约为8.3；再以甲基橙为指示剂，继续滴定至 $NaHCO_3$ 变为 CO_2（第二化学计量点），终点时 pH 值约为3.9。

用 HCl 溶液滴定 Na_2CO_3 时，其反应包括以下两步：

$$Na_2CO_3 + HCl \longrightarrow NaHCO_3 + NaCl$$

$$NaHCO_3 + HCl \longrightarrow NaCl + H_2CO_3$$

$$\longrightarrow H_2O + CO_2 \uparrow$$

V_1 为 Na_2CO_3 完全转化为 $NaHCO_3$ 所需的 HCl 用量。

V_2 为 $NaHCO_3$（包括第一步反应所得的和试样原有的）完全作用生成 CO_2 所需 HCl 用量。

食碱的含量可以用"总碱量"来表示。总碱量指包括滴定的 Na_2CO_3 和 $NaHCO_3$，但是都以 Na_2CO_3 表示。这时消耗的 HCl 用量为 $(V_2 + V_1)$ mL。

3. 仪器、药品及材料

仪器：酸式、碱式滴定管各1支（50mL）、锥形瓶3只、250mL 容量瓶、移液管1支、洗瓶1只、台天平、量筒。

药品：HCl 标准溶液、酚酞指示剂（0.1%）、甲基橙指示剂（0.1%）、装有食碱样品的称量瓶。

4. 实验步骤

(1)准确称取食碱样品约1.6g，放入100mL 的烧杯中，加入少许蒸馏水使之溶解，必要时可稍加热促使溶解。待冷却后将溶液定量转移到250mL 的容量瓶中,定容,摇匀。

(2)用移液管吸 25mL 上述配制好的食碱试液,置于 1 只 250mL 的锥形瓶中,加入 1～2 滴酚酞指示剂,用标准 HCl 溶液滴定至红色刚好消失,记录 HCl 用量 V_1。

(3)再加入 1～2 滴甲基橙指示剂,用 HCl 继续滴定到溶液由黄色变橙色,记录 HCl 用量 V_2。

(4)计算试样中 $\omega(Na_2CO_3)$,$\omega(NaHCO_3)$ 和以 $\omega(Na_2CO_3)$ 表示的总碱度。平行测定两份以上。

5. 实验数据处理

$$\omega(Na_2CO_3) = \frac{V_1 \times c(HCl) \times M(Na_2CO_3)}{\text{试样重} \times 1000} \quad HCl$$

$$\omega(NaHCO_3) = \frac{(V_2 - V_1) \times c(HCl) \times M(NaHCO_3)}{\text{试样重} \times 1000}$$

$$\omega(\text{总碱量}) = \frac{(V_1 + V_2) \times c(HCl) \times M(Na_2CO_3)}{\text{试样重} \times 2000}$$

思考题

(1)测定碱灰的总碱度能否用酚酞指示剂? 为什么?

(2)第一化学计量点到达后,记录下 V_1,此时是应将滴定管重新加满还是继续滴定下去?

(3)混合碱的称量范围是多少? 试列式计算。

实验十五　EDTA标准溶液的配制和标定

1. 实验目的

(1)掌握EDTA标准溶液的配制和标定方法。

(2)掌握配位滴定的原理,了解配位滴定的特点。

(3)了解缓冲溶液的应用。

2. 实验原理

乙二胺四乙酸二钠盐简称EDTA,由于EDTA能与大多数金属离子形成稳定的1:1型配合物,故常用作配合滴定的标准溶液。

标定EDTA溶液常用的基准物有 Zn、ZnO、$CaCO_3$、Bi、Cu、$MgSO_4 \cdot 7H_2O$、Hg、Ni、Pb 等。通常标定条件应尽可能与测定条件一致。以避免系统误差,如果用被测元素的纯金属或化合物作基准物质,将更为理想。一般用纯金属锌作基准物标定EDTA,选铬黑T作指示剂,在 $NH_3 \cdot H_2O$-NH_4Cl 缓冲溶液(pH=10)中进行标定,其反应如下:

滴定前:

$$In^{2-} + Zn^{2+} = ZnIn$$
$$（纯蓝色）\qquad （酒红色）$$

式中:In为金属指示剂。滴定开始至终点前:

$$Y^{4-} + Zn^{2+} = ZnY^{2-}$$

终点时:

$$Y^{4-} + ZnIn = ZnY^{2-} + In^{2-}$$
$$（酒红色）\qquad （纯蓝色）$$

所以,终点由酒红色变为纯蓝色。

也可用二甲酚橙作指示剂,用六亚甲基四胺调节酸度,在pH=5~6进行标定。两种标定方法所得结果稍有差异。通常选用的标定条件应尽可能与被测物的测定条件相近,以减少误差。

3. 仪器、药品及材料

仪器:分析天平、碱式滴定管(50mL)、容量瓶(250mL)、移液管(25mL)、锥形瓶3个(250mL)、细口试剂瓶(1L)、量筒(25mL)、台秤、洗瓶。

试剂:乙二胺四乙酸二钠(固体,A.R)、纯锌、氨水(1:1)、铬黑T指示剂(1%)、$NH_3 \cdot H_2O$-NH_4Cl 缓冲溶液(pH=10):取 $6.75gNH_4Cl$ 溶于20mL水中,加入57mL浓氨水,用水稀释到100mL。

4. 实验步骤

（1）0.01mol·L⁻¹EDTA 溶液的配制。在台秤上称取乙二胺四乙酸二钠 1.9g，溶解于 300～400mL 温水中，稀释至 500mL，如混浊，应过滤。转移至 500mL 塑料瓶中，摇匀。

（2）0.01mol·L⁻¹ 标准锌溶液的配制。准确称取 $ZnSO_4·7H_2O$ 0.60～0.75g 于 250mL 烧杯中，加 100mL 水使其溶解后，定量转移到 250mL 容量瓶中，用水稀释至刻度，摇匀。计算 Zn^{2+} 标准溶液的浓度。

（3）EDTA 浓度的标定。准确吸取锌标准溶液 25mL 于锥形瓶中，滴加 1:1 氨水至开始出现白色沉淀，加 10mLNH₃·H₂O-NH₄Cl 缓冲溶液（pH=10），加水 20mL，加铬黑 T 指示剂少许，用 EDTA 标准溶液滴定至溶液由酒红色恰变为纯蓝色，即达终点。根据消耗的 EDTA 标准溶液的体积。平行标定三次，计算 EDTA 的浓度 c(EDTA)。

思考题

（1）为什么通常使用乙二胺四乙酸二钠盐配制 EDTA 标准溶液，而不用乙二胺四乙酸？

（2）EDTA 标准溶液和 Zn 标准溶液的配制方法有何不同？

（3）配制 Zn 标准溶液时应注意什么问题？

（4）配位滴定法与酸碱滴定法相比，有哪些不同？操作中应注意哪些问题？

实验十六　水的硬度测定（配位滴定法）

1. 实验目的

(1)了解水硬度测定的意义和常用的硬度表示方法。

(2)掌握EDTA法测定水的硬度的原理和方法。

(3)掌握指示剂的使用条件和终点变化。

2. 实验原理

一般含有钙、镁盐类的水叫硬水（硬水和软水尚无明确的界限，硬度小于5、6的，一般可认为软水）。硬度有暂时硬度和永久硬度之分，两者的总和称为"总硬"。由镁离子形成的硬度称为"镁硬"，由钙离子形成的硬度称为"钙硬"。

水中钙、镁离子含量，用EDTA法测定。钙硬测定原理与以$CaCO_3$为基准物标定EDTA标准溶液浓度相同。总硬则以铬黑T为指示剂，控制溶液的酸度为pH≈10，以EDTA标准溶液滴定。由EDTA溶液的浓度和用量，可算出水的总硬，由总硬减去钙硬即为镁硬。

水的硬度的表示方法有多种，有以$CaCO_3$的量作为硬度标准的，也有以CaO的量来表示的。

我国目前常用的表示方法是：用度（°）计，1单位表示十万份水中含1份CaO。

$$硬度（°）= \frac{c（EDTA）V（EDTA）\times \dfrac{M（CaO）}{1000}}{V_{水}} \times 10^5$$

式中：c（EDTA）——EDTA标准溶液的浓度，单位：$mol \cdot L^{-1}$；

V（EDTA）——滴定时用去的EDTA标准溶液的体积，单位：mL，若此量为滴定总硬时所耗用的，则所得硬度为总硬，若此量为滴定钙硬时所耗用的，则所得硬度为钙硬；

$V_{水}$——水样体积，单位：mL；

M（CaO）——CaO的摩尔质量，单位：$g \cdot mol^{-1}$。

3. 仪器、药品及材料

仪器：碱式滴定管（50mL）、移液管（50mL，100mL）、锥形瓶3个（250mL）、量筒（10mL）、洗瓶。

药品：EDTA标准溶液（$0.02mol \cdot L^{-1}$）、NH_3-NH_4Cl缓冲溶液（pH≈10）、NaOH（10%）、K-B指示剂。

4. 实验步骤

(1)钙硬的测定。量取澄清的水样100mL，放入250mL锥形瓶中，加入

4mL10%NaOH溶液,摇匀(pH＝12～13),再加入4～5滴K-B指示剂,摇匀。此时溶液呈紫红色。用0.01mol·L^{-1}EDTA标准溶液滴定至纯蓝色或蓝绿色,即为终点。记下所用的体积V_1。用同样方法平行测定三份。

(2)总硬的测定。量取澄清的水样100mL,放入250mL锥形瓶中,加入1～2滴1∶1HCl,加热至沸腾2～3min,然后冷却,加入5mL NH$_3$-NH$_4$Cl缓冲液,摇匀。再加入4～5滴K-B指示剂,摇匀。此时溶液呈紫红色。用0.01mol·L^{-1}EDTA标准溶液滴定至纯蓝色或蓝绿色,即为终点。记下所用的体积V_2。用同样方法平行测定三份。

(3)镁硬的测定。由总硬减去钙硬即得镁硬,$V_3＝V_2-V_1$。

备注:如果有Fe^{2+}、Al^{3+}存在,要加三乙醇胺溶液掩蔽,且须在PH＜4下加入;如果有Cu^{2+}、Pb^{2+}、Zn^{2+}等重金属离子存在,要加入Na$_2$S沉淀剂;在氨性溶液中,当Ca(HCO$_3$)$_2$含量高时,要加入1～2滴1∶1HCl,加热至沸腾2～3min,以免慢慢析出的CaCO$_3$沉淀使终点拖长,变色不敏锐。但绝对不能多加,否则影响pH值,如溶液中CO$_2$很少,这一步可跳过。

思考题

(1)如果对硬度测定中的数据要求保留两位有效数字,应如何量取50mL水样?

(2)用EDTA法测定水的硬度时,Fe^{2+}、Al^{3+}离子的存在有干扰,如何消除?

(3)可以直接测定镁硬吗? 如果可以,如何进行? 如果不可以,阐述原因?

实验十七　高锰酸钾标准溶液的配制与标定

1. 实验目的

（1）熟悉高锰酸钾标准溶液的配制方法和保存条件。

（2）掌握用 $Na_2C_2O_4$ 作基准物标定 $KMnO_4$ 溶液的原理、方法和条件。

（3）了解自身指示剂的使用。

2. 实验原理

$KMnO_4$ 是一种强氧化剂，可以直接用来滴定还原性物质，也可以间接测定一些没有氧化还原性的物质，如能与 $C_2O_4^{2-}$ 定量沉淀草酸盐的阳离子——Ca^{2+}、Ba^{2+} 等。

市售试剂的纯度一般约为 99%～99.5%，常含有少量 MnO_2 和其他杂质。另外，蒸馏水中常含有少量的有机物质，能使 $KMnO_4$ 还原，且还原产物能促进 $KMnO_4$ 自身分解，分解方程式如下：

$$2MnO_4^- + 2H_2O \xrightarrow{\quad\quad} 4MnO_2 + 3O_2\uparrow + 4OH^-$$

见光分解更快。因此，$KMnO_4$ 的浓度容易改变，只能用间接法配制 $KMnO_4$ 标准溶液。为了得到稳定的溶液，在标定前需将溶液中析出的沉淀物用微孔玻璃漏斗过滤去除。同时配制与保存时必须使溶液保持中性，避光、防尘。这样，$KMnO_4$ 的浓度就比较稳定，但使用一段时间后仍需要定期标定。

标定 $KMnO_4$ 溶液的基准物质有 As_2O_3、$Na_2C_2O_4$、$H_2C_2O_4 \cdot 2H_2O$ 和纯铁丝等。其中因 $Na_2C_2O_4$ 不含结晶水，性质稳定、容易提纯、操作简便，故常用作标定 $KMnO_4$ 溶液浓度的基准物。$Na_2C_2O_4$ 标定 $KMnO_4$ 的反应如下：

$$2MnO_4^- + 5C_2O_4^{2-} + 16H^+ \xrightarrow{\quad\quad} 2Mn^{2+}\downarrow + 10CO_2\uparrow + 8H_2O$$

为了使滴定反应定量且迅速，在标定时，应从温度、酸度及滴定速度等方面严格控制反应条件。滴定温度低于 60℃，反应速度较慢；超过 90℃，会使部分 $C_2O_4^{2-}$ 发生分解（$H_2C_2O_4 \xrightarrow{\quad\quad} H_2O + CO_2\uparrow + CO\uparrow$）；因此滴定温度应控制在 75～85℃为宜。

溶液酸度过低，$KMnO_4$ 会有部分被还原为 MnO_2；酸度过高，会促使 $H_2C_2O_4$ 分解。由于 Cl^- 具有一定的还原性，可被 MnO_2 氧化，而 HNO_3 又有一定氧化性，可干扰 MnO_4^- 与还原物质的反应，故常用硫酸控制酸度。溶液的酸度约为 $0.5～1.0mol \cdot L^{-1}$。

MnO_4^- 与 $C_2O_4^{2-}$ 的反应开始速度较慢，随着反应的进行，不断产生 Mn^{2+}，由于 Mn^{2+} 的催化作用使反应速度加快。因此，滴定速度应先慢后快，尤其是开始滴定时,在第 1 滴 $KMnO_4$ 紫红色没有褪去时,不要加入第 2 滴 $KMnO_4$ 溶液,否则过多的 $KMnO_4$ 溶液不能及时和 $H_2C_2O_4$ 反应时,在热的酸性溶液中则会分解:

$$4MnO_4^- + 12H^+ === 4Mn^{2+} + 5O_2\uparrow + 6H_2O$$

当溶液中 MnO_4^- 浓度约为 $2\times10^{-6}mol \cdot L^{-1}$ 时,人眼即可观察到粉红色。因此在滴定时,通常不需另加指示剂,可利用 $KMnO_4$ 自身的颜色指示滴定终点。

3. 仪器、药品及材料

仪器:台称、电子天平、烧杯、温度计、棕色试剂瓶(500mL)、量筒、酸式滴定管(50mL)、锥形瓶 3 只、洗瓶、微孔玻璃漏斗、可控温电炉等。

药品:固体 $KMnO_4$(A.R)、$Na_2C_2O_4$(基准级)、H_2SO_4(3mol·L^{-1})。

4. 实验步骤

(1)0.02mol·$L^{-1}KMnO_4$ 标准溶液的配制。在台称上称取 1.7g$KMnO_4$,置于大烧杯中,加水至 500mL(由于要煮沸使水蒸发,可适当多加些水),煮沸约 1h,静置冷却后用微孔玻璃漏斗过滤,滤液装入棕色试剂瓶中,贴上标签,待标定。保存备用。

(2)0.02mol·$L^{-1}KMnO_4$ 标准溶液浓度的标定。分别准确称取 0.18~0.2g 的 $Na_2C_2O_4$ 3 份于 250mL 锥形瓶中,加去离子水 40mL 及 3mol·$L^{-1}H_2SO_4$10mL,加热至 70~80℃(即开始冒蒸气时的温度),趁热用待标定的 $KMnO_4$ 溶液进行滴定,滴定至溶液呈微红色,30s 内不褪色即为终点。平行测定 3 次。根据 $Na_2C_2O_4$ 的质量和消耗的 $KMnO_4$ 溶液体积,计算 $KMnO_4$ 标准溶液的准确浓度。

5. 数据处理

项　目	第 1 次	第 2 次	第 3 次
$Na_2C_2O_4$ 质量(g)			
滴定管终读数(mL)			
滴定管初读数(mL)			
$KMnO_4$ 标准溶液体积(mL)			
$KMnO_4$ 标准溶液浓度(mol·L^{-1})			
$KMnO_4$ 标准溶液平均浓度(mol·L^{-1})			
相对偏差			
相对平均偏差%			

计算公式

$$C_{KMnO_4} = \frac{\frac{2}{5} \times \frac{m_{Na_2C_2O_4}}{M_{Na_2C_2O_4}} \times 10^3}{V_{KMnO_4}} (mol \cdot L^{-1})$$

思考题

(1)配制高锰酸钾标准滴定溶液为什么要煮沸并放置两周后过滤？能否使用滤纸过滤？为什么？

(2)标定 $KMnO_4$ 溶液时,为什么第 1 滴 $KMnO_4$ 加入后溶液的红色褪去很慢,而以后红色褪去越来越快？

(3)用草酸钠作基准物标定高锰酸钾溶液应注意哪些反应条件？

实验十八　高锰酸钾法测定过氧化氢含量

1. 实验目的

(1)掌握 $KMnO_4$ 法测定过氧化氢含量的原理和方法。

(2)了解自身指示剂和自动催化的原理。

(3)了解分析过氧化氢含量的实际意义。

(4)学会移液管和容量瓶的正确使用。

2. 实验原理

过氧化氢,又称为双氧水,市售 H_2O_2 含量一般为30%。在实验室中常将 H_2O_2 装在塑料瓶内,置于阴暗处。H_2O_2 在酸性溶液中是强氧化剂,但遇 $KMnO_4$ 时表现为还原剂。在酸性溶液中 H_2O_2 很容易被 $KMnO_4$ 氧化,反应式如下:

$$2MnO_4^- + 5H_2O_2 + 6H^+ \xlongequal{\hspace{1cm}} 2Mn^{2+} + 5O_2\uparrow + 8H_2O$$

$$\text{(紫红)} \hspace{4cm} \text{(肉色)}$$

因此,测定过氧化氢时,可用高锰酸钾溶液作滴定剂,开始时,反应很慢,待溶液中生成了 Mn^{2+},反应速度加快(自动催化反应),故能顺利地、定量地完成反应。稍过量的滴定剂($2\times10^{-6}mol/L$)显示它本身颜色(自身指示剂),即为终点。

双氧水中的 H_2O_2 含量用 ρ (H_2O_2)/(g/100mL)表示。

$$\rho\ (H_2O_2)\ /\ (g/100mL) = \frac{\dfrac{5}{2}c\ (KMnO_4)\times V\ (KMnO_4)\times M\ (H_2O_2)\times 10^{-3}}{25.00\times\dfrac{25.00}{250.0}}\times 100$$

在生物化学中常用此法间接测定过氧化氢酶的含量。过氧化氢酶能使过氧化氢分解,故可以用适量的 H_2O_2 和过氧化氢酶发生作用后,在酸性条件下用标准 $KMnO_4$ 溶液滴定剩余的 H_2O_2,即可求得过氧化氢酶的含量。

3. 仪器、药品及材料

仪器:台称、烧杯、电子天平、酸式滴定管(50mL)、温度计、棕色试剂瓶(500mL)、量筒、移液管、锥形瓶3只、容量瓶、洗瓶、可控温电炉等。

药品:$KMnO_4$($0.02mol\cdot L^{-1}$)、H_2SO_4($3mol\cdot L^{-1}$)、30%的 H_2O_2 水溶液。

4. 实验步骤

(1)$0.02mol\cdot L^{-1}KMnO_4$ 标准溶液的配制与标定。$KMnO_4$ 标准溶液的配制与标定的具体方法见实验十七。

(2)试样中过氧化氢含量的测定。用移液管吸取25.00mL H_2O_2 试样,置于

250mL 容量瓶中，加水稀释至刻度，充分摇匀，待用。

准确吸取稀释后的 H_2O_2 25.00mL 于 250mL 锥形瓶中，加入 3mol/L H_2SO_4 10mL，用蒸馏水稀释至 50mL。用 $KMnO_4$ 标准溶液缓缓滴定，至溶液呈浅红色且 30s 内不褪色即为终点。平行测定 3 次。

5. 数据处理

次序 记录项目	第1次	第2次	第3次
$\bar{c}$（$KMnO_4$）（mol/L）			
V（H_2O_2）（mL）			
V（$KMnO_4$）终读数（mL）			
V（$KMnO_4$）初读数（mL）			
V（$KMnO_4$）（mL）			
ρ（H_2O_2）（g/100mL）			
$\bar{\rho}$（H_2O_2）（g/100mL）			
个别测定值的绝对偏差			
平均偏差			
相对平均偏差 %			

思考题

（1）为什么不直接移取试样 1.00mL 进行测定，而要将试样稀释 10 倍后再移取 25.00mL 进行测定？这样做的目的是什么？

（2）用 $KMnO_4$ 法测定 H_2O_2 含量时，能否用 HNO_3、HCl 或 HAc 控制酸度？

实验十九　亚铁盐中亚铁含量的测定（重铬酸钾法）

1. 实验目的

（1）学习重铬酸钾法的原理及方法。

（2）掌握采用直接法配制标准溶液。

2. 实验原理

重铬酸钾是常用的氧化剂，在酸性溶液中与还原剂作用被还原为 Cr^{3+}，重铬酸钾法测铁，是铁矿中全铁量测定的标准方法。

在酸性溶液中，Fe^{2+} 可以定量地被 $K_2Cr_2O_7$ 氧化成 Fe^{3+}，反应为：

$$6Fe^{2+} + Cr_2O_7^{2-} + 14H^+ \rightleftharpoons 6Fe^{3+} + 2Cr^{3+} + 7H_2O$$

滴定指示剂为二苯胺磺酸钠，其还原态为无色，氧化态为紫红色。用重铬酸钾标准溶液滴定至溶液呈现紫色为终点。

在滴定过程中必须加入磷酸或氟化钠等，目的有两个：一是与生成的 Fe^{3+} 形成配离子 $[Fe(HPO_4)]^+$，降低溶液中 Fe^{3+} 的浓度，从而降低 Fe^{3+}/Fe^{2+} 电对的电极电势，扩大滴定突跃范围，使指示剂的变色范围在滴定的突跃范围之内；二是生成的配离子为无色，消除了溶液中 Fe^{3+} 黄色干扰，利于终点观察。

3. 仪器、药品及材料

仪器：电子天平、50mL 酸式滴定管、100mL 容量瓶、250mL 锥形瓶、洗瓶。

试剂：重铬酸钾（固体）、硫酸亚铁铵（固体）、3mol/L 硫酸、85%磷酸、0.2%二苯胺磺酸钠。

4. 实验步骤

（1）配制 $K_2Cr_2O_7$ 标准溶液。在电子天平上称取烘干过的 $K_2Cr_2O_7$ 0.45～0.55g 置于 100mL 干净烧杯中，加少量蒸馏水溶解，然后定量的转移至 100mL 容量瓶中，用蒸馏水稀释至刻度，摇匀备用，计算其准确浓度。

（2）亚铁盐中亚铁含量的测定。准确称取 0.8～1.2g 硫酸亚铁铵于 250mL 锥形瓶中，加 50mL 蒸馏水，10mL 3mol/L 硫酸，5mL 85%磷酸，6d 二苯胺磺酸钠，充分摇匀。然后用 $K_2Cr_2O_7$ 标准溶液滴定至溶液呈紫色，即为终点，记录 $K_2Cr_2O_7$ 标准溶液的用量。平行测定 2～3 次。

5. 数据处理

根据下式计算出铁的质量分数

$$\omega_{Fe} = \frac{6c(K_2Cr_2O_7) \cdot V(K_2Cr_2O_7) \cdot M(Fe)}{m_S} \times 10^{-3}$$

思考题

（1）为什么可用直接法配制 $K_2Cr_2O_7$ 标准溶液？

（2）加入硫酸和磷酸的目的是什么？

实验二十　Na₂S₂O₃标准溶液的配制及标定

1. 实验目的

（1）掌握硫代硫酸钠标准溶液的配制与标定方法。

（2）掌握碘量法的原理及测定条件。

2. 实验原理

硫代硫酸钠（$Na_2S_2O_3 \cdot 5H_2O$）一般都含有少量杂质，如 S、Na_2SO_3、Na_2SO_4、Na_2CO_3 及 NaCl 等，同时还容易风化和潮解，因此不能直接配制标准溶液。

$Na_2S_2O_3$ 溶液易受空气及水中的 CO_2、微生物等的作用而分解，为了减少溶液在水中的 CO_2 和杀死水中的微生物，应用新煮沸后冷却的蒸馏水配制溶液并加入少量 Na_2CO_3（浓度为 0.02%），以防止 $Na_2S_2O_3$ 分解。

日光能促进 $Na_2S_2O_3$ 溶液分解，所以 $Na_2S_2O_3$ 溶液应贮存在棕色瓶中，放置暗处，经 8～14 天再标定。长期使用的溶液，应定期标定。

通常用 $K_2Cr_2O_7$ 作基准物进行标定 $Na_2S_2O_3$ 溶液的浓度。$K_2Cr_2O_7$ 先与 KI 反应析出 I_2：

$$K_2Cr_2O_7 + 6KI + 14HCl = 2CrCl_3 + 8KCl + 3I_2 + 7H_2O$$

析出的 I_2 再用 $Na_2S_2O_3$ 标准溶液滴定：

$$I_2 + 2Na_2S_2O_3 = 2NaI + Na_2S_4O_6$$

这个测定方法是间接碘法的应用。

3. 仪器、药品及材料

仪器：50mL 碱式滴定管、烧杯、量筒、碘量瓶。

试剂：$Na_2S_2O_3 \cdot 5H_2O$（固体）、Na_2CO_3（固体）、$K_2Cr_2O_7$（固体）、10%KI 溶液、$3mol \cdot L^{-1}H_2SO_4$ 溶液、0.5%淀粉指示剂。

4. 实验步骤

（1）$Na_2S_2O_3$ 溶液的配制。将 12.5g $Na_2S_2O_3 \cdot 5H_2O$ 与 0.1g Na_2CO_3 放入小烧杯中，加入新煮沸并已冷却的蒸馏水使溶解，稀释至 500mL，贮于棕色瓶中，在暗处放置 8～14 天后在标定。

（2）$Na_2S_2O_3$ 溶液的标定。精确称取 0.12～0.15g $K_2Cr_2O_7$ 基准物质，放入 20～30mL 蒸馏水溶解，转移到 250mL 容量瓶中，分别取 25mL 三份放入碘量瓶中，加 $3mol \cdot L^{-1}H_2SO_4$ 溶液 3mL 及 10%KI 溶液 2mL，轻轻摇匀，将瓶盖好，放在暗处反应 5min。立即用 $Na_2S_2O_3$ 标准溶液滴定到溶液呈草黄色，加入 0.5%淀粉指示剂 1mL，继续滴定至溶液由蓝色变为绿色，即为终点。记录消耗的 $Na_2S_2O_3$ 标准溶液的体积，计算其浓度。

思考题

（1）实验中 $K_2Cr_2O_7$ 与过量 KI 反应，为什么需要在暗处放置 5min？

（2）淀粉过早加入有什么不好？

实验二十一　胆矾中铜的测定（碘量法）

1. 实验目的

掌握间接碘量法测定胆矾中铜含量的原理和方法。

2. 实验原理

碘量法是在无机物和有机物分析中都广泛应用的一种氧化还原滴定方法。很多含铜物质（铜矿/铜盐/铜合金等）铜含量的测定，常用碘量法。

胆矾（$CuSO_4 \cdot 5H_2O$）是农药波尔多液的主要原料。胆矾中的铜含量常用间接碘量法测定，在微酸性介质中，Cu^{2+} 与过量 I^- 发生如下反应：

$$2Cu^{2+} + I^- \Longleftrightarrow 2CuI \downarrow + I_2$$

$$I_2 + I^- \Longleftrightarrow I_3^-$$

生成的 I_2 用 $Na_2S_2O_3$ 标准溶液滴定，以淀粉为指示剂，滴定至溶液的蓝色刚好消失即为终点，由此计算出样品中铜的含量。

$$I_2 + 2S_2O_3^{2-} \Longrightarrow 2I^- + S_4O_6^{2-}$$

Cu^{2+} 与 I^- 反应是可逆的，为使 Cu^{2+} 的还原趋于完全，须加入过量的 KI，但由于 CuI 沉淀强烈吸附 I_3^-，致使分析结果偏低，为了减少 CuI 沉淀对 I_3^- 的吸附，可在大部分 I_2 被 $Na_2S_2O_3$ 溶液滴定后，再加入 KSCN，使 CuI（$K_{sp} = 5.06 \times 10^{-12}$）转化为溶解度更小的 CuSCN（$K_{sp} = 4.8 \times 10^{-15}$）

$$CuI + SCN^- \Longrightarrow CuSCN \downarrow + I^-$$

CuSCN 对 I_3^- 的吸附较小，因而可提高测定结果的准确度。KSCN 只能在接近终点时加入，否则 SCN^- 可能直接还原 Cu^{2+} 而使结果偏低：

$$6Cu^{2+} + 7SCN^- + 4H_2O \Longrightarrow 6CuSCN \downarrow + SO_4^{2-} + HCN + 7H^+$$

为了防止 Cu^{2+} 的水解及满足碘量法的要求，反应必须在微酸性介质中进行（pH＝3～4）。控制溶液的酸度常用 H_2SO_4 或 HAc，而不用 HCl，因 Cu^{2+} 易与 Cl^- 生成 $CuCl_4^{2-}$ 配离子不利于测定。

若试样中含有 Fe^{3+}，对测定有干扰，因发生反应：

$$2Fe^{3+} + 2I^- \Longrightarrow 2Fe^{2+} + I_2$$

使结果偏高，可加入 NaF 或 NH_4F，将 Fe^{3+} 掩蔽为 FeF_6^{3-}。

3. 仪器、药品及材料

仪器：碱式滴定管、锥形瓶、烧杯、量杯、分析天平。

试剂：$0.02 mol \cdot L^{-1} Na_2S_2O_3$ 标准溶液、$3 mol \cdot L^{-1} H_2SO_4$ 溶液、0.5%淀粉溶液、5% KI 溶液、5%KSCN 溶液、饱和 NaF 溶液。

4. 实验步骤

准确称取胆矾试样 0.5～0.7g 置于 250mL 锥形瓶中,加入 3mL3mol·L⁻¹H₂SO₄ 溶液及 100mL 蒸馏水,样品溶解后,加入 10mL 饱和 NaF 溶液(若不含 Fe^{3+},则不加入)和 6mL5%KI 溶液,摇匀后立即用 Na₂S₂O₃ 标准溶液滴定至浅黄色(接近终点)。然后加入 5mL0.5%的淀粉溶液,继续滴定到呈浅蓝色(更接近终点),再加入 10mL10%KSCN 溶液,摇匀,溶液的蓝色转深,再继续用 Na₂S₂O₃ 标准溶液滴定至蓝色刚好消失为止,此时溶液呈米色 CuSCN 悬浮液,记录所耗 Na₂S₂O₃ 的体积。平行测定 2～3 次。

5. 数据处理

按下式计算铜的百分含量:

$$\omega_{Cu} = \frac{c\,(\,Na_2S_2O_3\,)\,\cdot V\,(\,Na_2S_2O_3\,)\,\cdot M\,(\,Cu\,)}{m_s} \times 10^{-3}$$

思考题

(1)硫酸铜易溶于水,溶解时为什么要加硫酸?

(2)测定铜含量时,加入 KI 为何要过量? 此量是否要求很准确? 加 KSCN 的作用是什么? 为什么只能在临近终点前才能加入 KSCN?

(3)测定反应为什么一定要在弱酸性溶液中进行?

实验二十二　莫尔法测定氯化物中氯含量

1. 实验目的

（1）学习 $AgNO_3$ 标准溶液的配制和标定方法。

（2）掌握莫尔法测定氯离子的方法和原理。

2. 实验原理

氯含量的测定常采用。莫尔法是在中性或弱碱性溶液中，以 K_2CrO_4 为指示剂，用 $AgNO_3$ 标准溶液滴定未知溶液中氯的含量的一种方法。反应式如下：

$$Ag^+ + Cl^- \Longrightarrow AgCl \downarrow （白色） \qquad K_{sp}^\circ = 1.8 \times 10^{-10}$$

$$2Ag^+ + CrO_4^{2-} \Longrightarrow Ag_2CrO_4 \downarrow （砖红色） \qquad K_{sp}^\circ = 8.3 \times 10^{-12}$$

由于 AgCl 的溶解度比 Ag_2CrO_4 的小，因此溶液中首先析出 AgCl 沉淀，当 AgCl 定量沉淀后，过量 $AgNO_3$ 溶液即与 CrO_4^{2-} 离子生成砖红色 Ag_2CrO_4 沉淀，指示滴定终点的到达。滴定必须在中性或弱碱性溶液中进行，最适宜的 pH 值范围为 6.5～10.5。酸度过高，不产生 Ag_2CrO_4 沉淀；过低，则形成 Ag_2O 沉淀。

指示剂的用量不当对滴定终点的准确判断有影响，一般用量以 $5 \times 10^{-3} mol \cdot L^{-1}$ 较为合适。

凡是能与 Ag^+ 离子生成难溶化合物或配合物的阴离子都干扰测定，如 PO_4^{3-}、AsO_4^{3-}、SO_3^{2-}、S^{2-}、CO_3^{2-} 及 $C_2O_4^{2-}$ 等离子，其中 S^{2-} 离子可成 H_2S，经加热煮沸而除去，SO_3^{2-} 离子可经氧化成 SO_4^{2-} 离子而不发生干扰。大量 Cu^{2+}、Ni^{2+}、CO^{2+} 等有色离子将影响终点的观察。凡是能与 CrO_4^{2-} 离子生成难溶化合物的阳离子也干扰测定，如 Ba^{2+}、Pb^{2+} 离子与 CrO_4^{2-} 离子分别生成 $BaCrO_4$ 和 $PbCrO_4$ 沉淀，但 Ba^{2+} 离子的干扰可通过加入过量 Na_2SO_4 而消除。

Al^{3+}、Fe^{3+}、Bi^{3+}、Zr^{4+} 等高价金属离子，在中性或弱碱性溶液中易水解产生沉淀，也不应存在。

3. 仪器、药品及材料

仪器：分析天平、酸式滴定管（50mL）、容量瓶（250mL）、移液管（25mL）、吸量管（5mL）、锥形瓶 3 只（250mL）、烧杯（100mL，400mL）、量筒（50mL，100mL）、棕色试剂瓶（500mL）、洗瓶。

试剂：$AgNO_3$（G.R 或 A.R）、NaCl（基准试剂）、K_2CrO_4（5%）、试样（食盐）。

4. 实验步骤

（1）$0.1mol \cdot L^{-1} AgNO_3$ 溶液的配制。在台秤上称取 8.55g 固体 $AgNO_3$，将其溶于 500mL 不含 Cl^- 离子的水中，再将溶液转入棕色细口瓶中，置暗处保存，以减缓因见光而分解的作用。

（2）0.1mol·L⁻¹AgNO₃溶液的标定。准确称取2.8～3.0g NaCl基准试剂置于烧杯中，用水溶解，转入250mL容量瓶中，加水稀释至刻度，摇匀。

准确移取25mL NaCl标准溶液（也可以直接称取一定量NaCl基准试剂）于锥形瓶中，加25mL水、1mL5%K₂CrO₄溶液，在不断摇动下用AgNO₃溶液滴定，至白色沉淀中出现砖红色，即为终点。

根据NaCl标准溶液的浓度和滴定所消耗的AgNO₃标准溶液体积，计算AgNO₃标准溶液的浓度。

（3）试样分析。用移液管移取工业用水样100.0mL于烧杯中，加水溶解后，转入250mL容量瓶中，加水稀释至刻度，摇匀。

准确移取25mL工业用水试液至250mL锥形瓶中，加入25mL水，1mL5%K₂CrO₄溶液，在不断摇动下，用AgNO₃标准溶液滴定。滴定时速度要慢并不断摇动，至白色沉淀中呈现砖红色即为终点。平行测定2次，计算水样中氯的含量。

（4）实验数据处理。根据试样重量和消耗的AgNO₃标准溶液的体积，计算试样中Cl⁻含量。

$$\omega(\text{Cl}) = \frac{c(\text{AgNO}_3) \times V(\text{AgNO}_3) \times 10^{-3} \times M(\text{Cl})}{m_{样品}}$$

思考题

（1）AgNO₃溶液应装在酸式滴定管还是碱式滴定管中？为什么？

（2）滴定中试液的酸度宜控制在什么范围？为什么？怎样调节？有NH₄⁺离子存在时，在酸度控制上为什么要有所不同？

（3）滴定过程中为什么要充分摇动溶液？

实验二十三　邻菲啰啉测定铁(分光光度法)

1. 实验目的

(1)学会使用722型分光光度计。

(2)了解和掌握分光光度法测定原理,并用邻菲啰啉法测定试样中微量铁含量。

2. 实验原理

邻菲啰啉是测定微量铁的一种较好的试剂。在 pH $= 2 \sim 9$ 的条件下,Fe^{2+} 与邻菲啰啉(Phen)生成稳定的橙红色配合物 $Fe(Phen)_3^{2+}$

$$Fe^{2+} + 3Phen === [Fe(Phen)_3]^{2+}(橙红色)$$

此配合物的 $\lg\beta_3 = 21.3$,摩尔吸光系数 $\varepsilon_{508} = 1.1 \times 10^4$。

在显色前,首先用盐酸羟胺把 Fe^{3+} 还原成 Fe^{2+},其反应式如下:

$$2Fe^{3+} + 2NH_2OH \cdot HCl === 2Fe^{2+} + N_2 \uparrow + 4H^+ + 2H_2O + 2Cl^-$$

Cu^{2+}、Co^{2+}、Ni^{2+}、Cd^{2+}、Hg^{2+}、Mn^{2+}、Zn^{2+} 等离子也能与 Phen 生成稳定配合物,当以上离子与 Fe^{3+} 共存时,应注意消除它们的干扰。

3. 仪器、药品及材料

仪器:722型分光光度计、比色皿、容量瓶(100mL)、容量瓶(50mL)、10mL 吸量管(5mL,10mL)、小量筒(10mL)、烧杯(200mL)、洗瓶。

试剂:$100\mu g \cdot mL^{-1}$ 标准铁溶液,准确称取 0.8634g 分析纯 $NH_4Fe(SO_4)_2 \cdot 12H_2O$ 于 200mL 烧杯中,加入 20mL6mol $\cdot L^{-1}$HCl 和少量水,溶解后转移至 1L 容量瓶中,稀释至刻度,摇匀;邻菲啰啉水溶液(0.15%),称取 0.532g 邻菲啰啉于小烧杯中,加入 $2 \sim 5$mL95%乙醇溶液,再用水稀释至 1L);10%盐酸羟胺水溶液(用时配制);NaAc(1mol $\cdot L^{-1}$);HCl(6mol $\cdot L^{-1}$)。

4. 实验步骤

(1)标准曲线的制作。用移液管吸取 $100\mu g \cdot mL^{-1}$ 铁标液 10mL 于 100mL 容量瓶中,加入 2mL HCl,用水稀释至刻度,摇匀。此液每 mL 含 Fe^{2+} $10\mu g$。

在 6 个 50mL 容量瓶中,用吸量管分别加入 $10\mu g \cdot mL^{-1}$ 的铁标准溶液 0.0mL、2.0mL、4.0mL、6.0mL、8.0mL、10.0mL,分别加入 1mL 盐酸羟胺,2mL 邻菲啰啉,5mLNaAc 溶液,每加入一种试剂时都要摇匀。然后,用水稀释至刻度,摇匀后放置10min。用1cm 比色皿,以试剂为空白(即0.0mL 铁标液),在512nm 波长下,测量各溶液的吸光度。以含铁量为横坐标,吸光度 A 为纵坐标,绘制标准曲线(可以采用计算机绘制标准曲线)。

由标准曲线,查出相应铁浓度的吸光度,计算 Fe^{2+}–Phen 配合物的摩尔吸光系数 ε。

(2)试样中铁含量的测定。准确吸取 1mL 试液于 50mL 容量瓶中,按标准曲线的制作步骤,加入各种试剂,测量吸光度。从标准曲线上查出和计算试样中铁的含量($\mu g \cdot mL^{-1}$)。

思考题

(1)邻菲啰啉分光光度法测定铁含量的原理是什么?用该法测得的铁含量是否为试样中的亚铁含量?为什么?

(2)本实验量取各种试剂时分别采用何种量器量取较为合适?为什么?

(3)为什么绘制工作曲线和测定试样应在相同的条件下进行?这里主要指哪些条件?

(4)制作标准曲线和进行其他条件试验时,加入试剂的顺序能否任意改变?为什么?

(5)在用分光光度法测某物质的含量时,一般要进行哪些条件实验?

实验二十四　化肥中含氮量的测定

提示：

许多无机铵盐（$(NH_4)_2SO_4$、$(NH_4)_3PO_4$、$(NH_4)HCO_3$等）是常用的肥料，土壤、作物等许多农牧样品中的氮也总是将其先转化成NH_4^+而后再进行测定。

测定铵盐的方法有蒸馏法和甲醛法。

甲醛法：甲醛与铵盐作用，产生等物质量的酸

$$4NH_4^+ + 6CH_2O =\!=\!= (CH_2)_6N_4 + 4H^+ + 6H_2O$$

通常以酚酞作指示剂，用NaOH标准溶液直接测定。设计此测定时应注意以下几个问题：

（1）NH_4^+为NH_3的共轭酸，为什么不能直接用NaOH溶液滴定？

（2）当试样中含有游离酸时应事先中和除去，可采用什么指示剂，为什么？

（3）若甲醛中含有少量甲酸也应事先中和除去，这一步中和选用什么指示剂？

根据提示拟出测定方案。

实验二十五　竹醋液中总酸度的测定

提示：

竹醋液是混合酸,其主要成分是 HAc($K_a = 1.8×10^{-5}$),与 NaOH 反应产物为弱酸强碱盐 NaAc。

$$HAc + NaOH \xlongequal{} NaAc + H_2O$$

HAc 与 NaOH 反应产物为弱酸强碱盐 NaAc,化学计量点时 pH≈8.7,滴定突跃在碱性范围内(如 0.1mol·L^{-1}NaOH 滴定 0.1mol·L^{-1}HAc 突跃范围为 PH:7.74～9.70),在此若使用在酸性范围内变色的指示剂如甲基橙,将引起很大的滴定误差(该反应化学计量点时溶液呈弱碱性,酸性范围内变色的指示剂变色时,溶液呈弱酸性,则滴定不完全)。因此在此应选择在碱性范围内变色的指示剂酚酞(8.0～9.6)。指示剂的选择主要以滴定突跃范围为依据,指示剂的变色范围应全部或一部分在滴定突跃范围内,则终点误差小于0.1%。

竹醋液中总酸度用 HAc 含量的酸度来表示。竹醋液中醋酸的浓度较大,且颜色较深,故必须稀释后再滴定。测定醋酸含量时,所用的蒸馏水不能含有二氧化碳,否则会溶于水中生成碳酸,将同时被滴定。取样时应注意试样的代表性。根据提示拟出测定方案。

实验二十六　维生素 C 含量的测定

提示：

维生素 C（Vc）又称为抗坏血酸。分子式为 $C_6H_8O_6$，相对分子质量为 176.12。属于水溶性维生素。

Vc 是常用的还原剂，Vc 分子中的烯二醇基可被 I_2 氧化成二酮基，故可用 I_2 标准溶液测定。

Vc 也是一种弱酸，可与 OH^- 的反应：

$$C_6H_8O_6 + OH^- \Longrightarrow H_2O + C_6H_7O_6^-$$

当 Vc 片中不含其他酸时，Vc 的含量可用酸碱滴定法测定。

选择合理的方法进行维生素 C 含量的测定。取样时应注意试样的代表性。根据提示拟出测定方案。

附　录

1. 重要元素符号及(相对)原子质量表

符号	元素	原子质量	符号	元素	原子质量	符号	元素	原子质量
Ac	锕	227.0278	He	氦	4.002602	Pt	铂	195.08
Ag	银	107.8632	Hf	铪	178.49	Ra	镭	226.0254
Al	铝	26.981539	Hg	汞	200.59	Rb	铷	85.4678
Ar	氩	39.948	Ho	钬	164.93032	Re	铼	186.207
As	砷	74.92159	I	碘	126.90447	Rh	铑	102.90550
Au	金	196.96654	In	铟	114.82	Ru	钌	101.07
B	硼	10.811	Ir	铱	192.22	S	硫	32.066
Ba	钡	137.327	K	钾	39.0983	Sb	锑	121.757
Be	铍	9.012182	Kr	氪	83.80	Sc	钪	44.955910
Bi	铋	208.98037	La	镧	138.9055	Se	硒	78.96
Br	溴	79.904	Li	锂	6.941	Si	硅	28.0855
C	碳	12.011	Lu	镥	174.967	Sm	钐	150.36
Ca	钙	40.078	Mg	镁	24.3050	Sn	锡	118.710
Cd	镉	112.411	Mn	锰	54.93805	Sr	锶	87.62
Ce	铈	140.115	Mo	钼	95.94	Ta	钽	180.9479
Cl	氯	35.4527	N	氮	14.00674	Tb	铽	158.92534
Co	钴	58.93320	Na	钠	22.989768	Te	碲	127.60
Cr	铬	51.9961	Nb	铌	92.90638	Th	钍	232.0381
Cs	铯	132.90543	Nd	钕	144.24	Ti	钛	47.88
Cu	铜	63.546	Ne	氖	20.1797	Tl	铊	204.3833
Dy	镝	162.50	Ni	镍	58.6934	Tm	铥	168.9342
Er	铒	167.26	Np	镎	237.0482	U	铀	238.0289
Eu	铕	151.965	O	氧	15.9994	V	钒	50.9415
F	氟	18.9984032	Os	锇	190.2	W	钨	183.85
Fe	铁	55.847	P	磷	30.973762	Xe	氙	131.29
Ga	镓	69.723	Pa	镤	231.0588	Y	钇	88.90585
Gd	钆	157.25	Pb	铅	207.2	Yb	镱	173.04
Ge	锗	72.61	Pd	钯	106.42	Zn	锌	65.39
H	氢	1.00794	Pr	镨	140.90765	Zr	锆	91.224

2. 常见酸碱的密度、溶质质量分数和浓度

名　称	密度ρ_B(g·mL^{-1})(20℃)	$\omega_B\times100$	物质的量浓度c_B(mol·L^{-1})
浓硫酸	1.84	98	18
稀硫酸	1.06	9	1
浓硝酸	1.42	69	16
稀硝酸	1.07	12	2
浓盐酸	1.19	38	12
稀盐酸	1.03	7	2
磷　酸	1.7	85	15
高氯酸	1.7	70	12
冰醋酸	1.05	99	17
稀醋酸	1.02	12	2
氢氟酸	1.13	40	23
氢溴酸	1.38	40	7
氢碘酸	1.7	57	7.5
浓氨水	0.88	28	15
稀氨水	0.98	4	2
浓氢氧化钠	1.43	40	14
稀氢氧化钠	1.09	8	2
饱和氢氧化钡	–	2	0.1
饱和氢氧化钙	–	0.15	–

3. 酸、碱的解离常数

（1）弱酸的解离常数（298.15K）

弱　酸	解离常数 K_a^θ
H_3AsO_4	$K_{a1}^\theta=5.7\times10^{-3}$；$K_{a2}^\theta=1.7\times10^{-7}$；$K_{a3}^\theta=2.5\times10^{-12}$
H_3AsO_3	$K_{a1}^\theta=5.9\times10^{-10}$
H_3BO_3	5.8×10^{-10}
HOBr	2.6×10^{-9}
H_2CO_3	$K_{a1}^\theta=4.2\times10^{-7}$；$K_{a2}^\theta=4.7\times10^{-11}$
HCN	5.8×10^{-10}
H_2CrO_4	（ $K_{a1}^\theta=9.55$；$K_{a2}^\theta=3.2\times10^{-7}$ ）
HOCl	2.8×10^{-8}

（续　表）

弱　酸	解离常数 K_a^θ
HF	6.9×10^{-4}
HOI	2.4×10^{-11}
HIO$_3$	0.16
H$_5$IO$_6$	$K_{a1}^\theta = 4.4 \times 10^{-4}$；$K_{a2}^\theta = 2 \times 10^{-7}$；$K_{a3}^\theta = 6.3 \times 10^{-13}$①
HNO$_2$	6.0×10^{-4}
HN$_3$	2.4×10^{-5}
H$_2$O$_2$	$K_{a1}^\theta = 2.0 \times 10^{-12}$
H$_3$PO$_4$	$K_{a1}^\theta = 6.7 \times 10^{-3}$；$K_{a2}^\theta = 6.2 \times 10^{-8}$；$K_{a3}^\theta = 4.5 \times 10^{-13}$
H$_4$P$_2$O$_7$	$K_{a1}^\theta = 2.9 \times 10^{-2}$；$K_{a2}^\theta = 5.3 \times 10^{-3}$；$K_{a3}^\theta = 2.2 \times 10^{-7}$；
	$K_{a4}^\theta = 4.8 \times 10^{-10}$
H$_2$SO$_4$	$K_{a2}^\theta = 1.0 \times 10^{-2}$
H$_2$SO$_4$	$K_{a1}^\theta = 1.7 \times 10^{-2}$；$K_{a2}^\theta = 6.0 \times 10^{-8}$
H$_2$Se	$K_{a1}^\theta = 1.5 \times 10^{-4}$；$K_{a2}^\theta = 1.1 \times 10^{-15}$
H$_2$S	$K_{a1}^\theta = 8.9 \times 10^{-8}$；$K_{a2}^\theta = 7.1 \times 10^{-19}$
H$_2$SeO$_4$	$K_{a2}^\theta = 1.2 \times 10^{-2}$
H$_2$SeO$_3$	$K_{a1}^\theta = 2.7 \times 10^{-2}$；$K_{a2}^\theta = 5.0 \times 10^{-8}$
HSCN	0.14
H$_2$C$_2$O$_4$（草酸）	$K_{a1}^\theta = 5.4 \times 10^{-2}$；$K_{a2}^\theta = 5.4 \times 10^{-5}$
HCOOH（甲酸）	1.8×10^{-4}
HAc（乙酸）	1.8×10^{-5}
ClCH$_2$COOH（氯乙酸）	1.4×10^{-3}
EDTA	$K_{a1}^\theta = 1.0 \times 10^{-2}$；$K_{a2}^\theta = 2.1 \times 10^{-3}$；$K_{a3}^\theta = 6.9 \times 10^{-7}$； $K_{a4}^\theta = 5.9 \times 10^{-11}H_3AsO_4$

（2）弱碱的解离常数（298.15K）

弱　碱	解离常数 K_b^{θ}
$NH_3 \cdot H_2O$	1.8×10^{-5}
N_2H_4（联氨）	9.8×10^{-7}
NH_2OH（羟氨）	9.1×10^{-9}
CH_3NH_2（甲胺）	4.2×10^{-4}
$C_6H_5NH_2$（苯胺）	(4×10^{-10})
$(CH_2)_6N_4$（六亚甲基四胺）	(1.4×10^{-9})

4. 微溶化合物的浓度积常数

微溶化合物	K_{sp}	pK_{sp}	微溶化合物	K_{sp}	pK_{sp}
Ag_3AsO_4	1×10^{-22}	22	$BaCrO_4$	1.2×10^{-10}	9.93
$AgBr$	4.1×10^{-13}	12.39	BaF_2	10×10^{-6}	6.00
$AgCl$	1.8×10^{-10}	9.75	$BaSO_4$	1.1×10^{-10}	9.96
$AgCN$	1.2×10^{-16}	15.92	BiI_3	8.1×10^{-19}	18.09
Ag_2CO_3	8.1×10^{-12}	11.09	$BiOCl$	1.8×10^{-31}	30.75
$Ag_2C_2O_4$	3.5×10^{-11}	10.46	$Bi(OH)_3$	4.0×10^{-31}	30.40
Ag_2CrO_4	2.0×10^{-12}	11.71	$BiOOH$	4.0×10^{-10}	9.40
AgI	9.3×10^{-17}	16.03	$BiPO_4$	1.3×10^{-23}	22.89
$AgOH$	2.0×10^{-8}	7.71	Bi_2S_3	1.0×10^{-97}	97.00
Ag_3PO_4	1.4×10^{-16}	15.84	$CaCO_3$	2.9×10^{-9}	8.54
Ag_3S	2.0×10^{-49}	48.70	$CaC_2O_4 \cdot H_2O$	2.0×10^{-9}	8.70
$AgSCN$	1.0×10^{-12}	12.00	CaF_2	2.7×10^{-11}	10.57
Ag_2SO_4	1.4×10^{-5}	4.84	$Ca(OH)_2$	22×10^{-20}	19.66
$Al(OH)_3$无定形	1.3×10^{-33}	32.90	$Ca(PO_4)_2$	2.0×10^{-29}	28.70
$As_2S_3$①	2.1×10^{-22}	21.68	$CaSO_4$	9.1×10^{-6}	5.01
$BaCO_3$	5.1×10^{-9}	8.28	$CaWO_4$	8.7×10^{-9}	8.06
$BaC_2O_4 \cdot H_2O$	2.3×10^{-8}	7.64	$CdCO_3$	5.2×10^{-12}	11.28
$CdC_2O_4 \cdot 3H_2O$	9.1×10^{-8}	7.04	HgS红色	4.0×10^{-53}	52.4
$Cd_2[Fe(CN)_6]$	3.2×10^{-17}	16.19	HgS黑色	2.0×10^{-52}	51.7
$Cd(OH)_2$新析出	2.5×10^{-24}	13.60	Hg_2S	1.0×10^{-47}	47.0
CdS	8.0×10^{-27}	26.10	Hg_2SO_4	7.4×10^{-7}	6.13
$CoCO_3$	1.4×10^{-13}	12.81	$MgCO_4$	3.5×10^{-8}	7.46
$Co_2[Fe(CN)_6]$	1.8×10^{-18}	17.71	MgF_4	6.4×10^{-9}	8.19

（续　表）

微溶化合物	K_{sp}	pK_{sp}	微溶化合物	K_{sp}	pK_{sp}
Co[Hg(SCN)$_4$]	1.5×10^{-8}	7.82	MgNH$_4$PO$_4$	2.0×10^{-13}	12.70
Co(OH)$_2$新析出	2.0×10^{-15}	14.70	Mg(OH)$_2$	1.8×10^{-11}	10.74
Co(OH)$_3$	2.0×10^{-44}	13.70	MnCO$_3$	1.8×10^{-11}	10.74
Co(PO$_4$)$_2$	2.0×10^{-33}	31.70	Mn(OH)$_2$	1.9×10^{-13}	12.72
α-CoS	4.0×10^{-21}	20.10	MnS 无定形	2.0×10^{-10}	9.7
β-CoS	2.0×10^{-2}	24.70	MnS 晶体	2.0×10^{-13}	12.7
Cr(OH)$_3$	6.0×10^{-21}	30.20	NiCO$_3$	6.6×10^{-9}	8.18
CuBr	5.2×10^{-9}	8.28	Ni(OH)$_2$新析出	2.0×10^{-13}	14.7
CuCl	1.2×10^{-8}	7.92	Ni(PO$_4$)$_2$	5.0×10^{-31}	30.3
CuCN	3.2×10^{-20}	19.19	α-NiS	3.0×10^{-19}	18.5
CuCO$_3$	1.4×10^{-10}	9.86	β-NiS	1.0×10^{-24}	24.0
CuI	1.1×10^{-12}	11.96	γ-NiS	2.0×10^{-26}	25.7
CuOH	1.0×10^{-11}	11.90	PbCl$_2$	1.6×10^{-7}	4.79
CuS	6.0×10^{-38}	35.29	PbClF	2.4×10^{-9}	8.62
Cu$_2$S	2.5×10^{-28}	17.69	PbCO$_3$	7.4×10^{-14}	13.13
Cu(SCN)	4.8×10^{-48}	11.32	PbCrO$_4$	2.8×10^{-13}	12.55
FeCO$_3$	3.2×10^{-11}	10.50	PbF$_2$	2.7×10^{-8}	7.57
Fe(OH)$_2$	8.0×10^{-16}	15.1	PbI$_2$	7.1×10^{-9}	8.15
Fe(OH)$_3$	4.0×10^{-38}	37.4	PbMoO$_4$	1.0×10^{-13}	13.00
FePO$_4$	1.3×10^{-22}	21.89	Pb(OH)$_2$	1.2×10^{-15}	14.93
FeS	6.0×10^{-18}	17.2	Pb(OH)$_4$	3.0×10^{-66}	65.50
Hg$_2$Br$_2$[2]	5.8×10^{-23}	22.24	Pb$_3$(PO$_4$)$_2$	8.0×10^{-43}	42.10
Hg$_2$Cl$_2$	1.3×10^{-18}	17.88	PbS$_2$	8.0×10^{-28}	27.90
Hg$_2$CO$_3$	8.9×10^{-17}	16.05	PbSO$_4$	1.6×10^{-8}	7.79
Hg$_2$I$_2$	4.5×10^{-29}	28.35	Sb(OH)$_3$	4.0×10^{-42}	41.40
Hg(OH)$_2$	3.0×10^{-26}	25.52	Sb$_2$S$_3$	2.0×10^{-93}	92.80
Hg$_2$(OH)$_2$	2.0×10^{-24}	23.7	Sn(OH)$_2$	1.4×10^{-28}	27.85

① 为下列平衡常数 As$_2$O$_3$ + 4H$_2$O == 2HAsO$_2$ + 3H$_2$S

② BiOOHK$_{sp}$ = [BiO$^+$][OH$^-$]

③ (Hg$_2$)$_m$X$_n$K$_{sp}$ = [Hg$_2^{2+}$]^m[OH$^-$]^n

④ TiO(OH)$_2$K$_{sp}$ = [TiO^{2+}][OH$^-$]^2

微溶化合物	K_{sp}	pK_{sp}	微溶化合物	K_{sp}	pK_{sp}
$Sn(OH)_4$	1.0×10^{-56}	56.00	Sr_3SO_4	3.2×10^{-7}	6.49
SnS	1.0×10^{-25}	25.00	$Ti(OH)_2$	1.0×10^{-29}	29.00
SnS_2	2.0×10^{-27}	26.70	$Ti(OH)_3$	1.0×10^{-40}	40.00
$SrCO_3$	1.1×10^{-10}	9.96	$ZnCO_3$	1.4×10^{-11}	10.84
$SrC_2O_4\cdot H_2O$	1.6×10^{-7}	6.80	$Zn_2[Fe(CN)_6]$	4.1×10^{-16}	15.39
$SrCrO_4$	2.2×10^{-5}	4.65	$Zn(OH)_2$	1.2×10^{-17}	16.92
SrF_2	2.4×10^{-9}	8.61	$Zn_3(PO_4)_2$	9.0×10^{-33}	32.04
$Sr_2(PO_4)_2$	4.1×10^{-28}	27.39	ZnS	2.0×10^{-22}	21.70

5. 某些配离子的标准稳定常数(298.15K)

配离子	K_f^θ	配离子	K_f^θ
$AgCl_2^-$	1.84×10^5	$Fe(CN)_6^{3-}$	4.1×10^{52}
$AgBr_2^-$	1.93×10^7	$Fe(CN)_6^{4-}$	4.2×10^{45}
AgI_2^-	4.80×10^{10}	$Fe(NCS)^{2+}$	9.1×10^2
$Ag(NH_3)^+$	2.07×10^3	$HgBr_4^{2-}$	9.22×10^{20}
$Ag(NH_3)_2^+$	1.67×10^7	$HgCl^+$	5.73×10^6
$Ag(CN)_2^-$	2.48×10^{20}	$HgCl_2$	1.46×10^{13}
$Ag(SCN)_2^-$	2.04×10^8	$HgCl_4^{2-}$	1.31×10^{15}
$Ag(S_2O_3)_2^{3-}$	(2.9×10^{13})	HgI_4^{2+}	5.66×10^{29}
$Al(OH)_4^-$	3.31×10^{33}	HgS_2^{2-}	3.36×10^{51}
AlF_6^{3-}	(6.9×10^{19})	$Hg(NH_3)_4^{2+}$	1.95×10^{19}
$BiCl_4^-$	7.96×10^6	$Hg(NCS)_4^{2-}$	4.98×10^{21}
$Ca(EDTA)^{2-}$	(1×10^{11})	$Ni(NH_3)_6^{2+}$	8.97×10^8
$Cd(NH_3)_4^{2+}$	2.78×10^7	$Ni(CN)_4^{2-}$	1.31×10^{30}
$Co(NH_3)_6^{2+}$	1.3×10^5	$Pb(OH)_3^-$	8.27×10^{13}
$Co(NH_3)_6^{3+}$	(1×10^{35})	$PbCl_3^-$	27.2
$CuCl_2^-$	6.91×10^4	PbI_4^{2-}	1.66×10^4
$Cu(NH_3)_4^{2+}$	2.30×10^{12}	$Pb(CH_3CO_2)^+$	152
$Cu(P_2O_7)_2^{6-}$	8.24×10^8	$Pb(CH_3CO_2)_2$	826
$Cu(CN)_2^-$	9.98×10^{23}	$Pb(EDTA)^{2-}$	(2×10^{18})
FeF^{2+}	7.1×10^6	$Zn(OH)_4^{2-}$	2.83×10^{14}
FeF_2^+	3.8×10^{11}	$Zn(NH_3)_4^{2+}$	3.60×10^8

6. 标准电极电势(298.15K)

电极反应		$E^{\theta}(V)$
氧化型	还原型	
$Li^+(aq)+e^- \rightleftharpoons Li(s)$		-3.040
$Cs^+(aq)+e^- \rightleftharpoons Cs(s)$		-3.027
$Rb^+(aq)+e^- \rightleftharpoons Rb(s)$		-2.943
$K^+(aq)+e^- \rightleftharpoons K(s)$		-2.936
$Ra^{2+}(aq)+2e^- \rightleftharpoons Ra(s)$		-2.910
$Ba^{2+}(aq)+2e^- \rightleftharpoons Ba(s)$		-2.906
$Sr^{2+}(aq)+2e^- \rightleftharpoons Sr(s)$		-2.899
$Ca^{2+}(aq)+2e^- \rightleftharpoons Ca(s)$		-2.869
$Na^+(aq)+e^- \rightleftharpoons Na(s)$		-2.714
$La^{3+}(aq)+3e^- \rightleftharpoons La(s)$		-2.362
$Mg^{2+}(aq)+2e^- \rightleftharpoons Mg(s)$		-2.357
$Be^{2+}(aq)+2e^- \rightleftharpoons Be(s)$		-1.968
$Al^{3+}(aq)+3e^- \rightleftharpoons Al(s)$		-1.68
$Mn^{2+}(aq)+2e^- \rightleftharpoons Mn(s)$		-1.182
$^*SO_4(aq)+H_2O(l)+2e^- \rightleftharpoons SO_3^{2-}(aq)+2OH^-(aq)$		-0.9362
$Zn^{2+}(aq)+2e^- \rightleftharpoons Zn(s)$		-0.7621
$Cr^{3+}(aq)+3e^- \rightleftharpoons Cr(s)$		(-0.74)
$2CO_2(g)+2H^+(aq)+2e^- \rightleftharpoons H_2C_2O_4(aq)$		-0.5950
$^*2SO_3^{2-}(s)+3H_2O(l)+4e^- \rightleftharpoons S_2O_3^{2-}(aq)+6OH^-(aq)$		-0.5659
$^*Fe(OH)_3+e^- \rightleftharpoons Fe(OH)_2(s)+OH^-(aq)$		-0.5468
$Sb(s)+3H^+(aq)+3e^- \rightleftharpoons SbH_3(g)$		-0.5104
$^*S(s)+2e^- \rightleftharpoons S^{2-}(aq)$		-0.445
$Cr^{3+}(aq)+e^- \rightleftharpoons Cr^{2+}(aq)$		(-0.41)
$Fe^{2+}(aq)+2e^- \rightleftharpoons Fe(s)$		-0.4089
$Cd^{2+}(aq)+2e^- \rightleftharpoons Cd(s)$		-0.4022
$PbSO_4(s)+2e^- \rightleftharpoons Pb(s)+SO_4^{2-}(aq)$		-0.3555
$In^{3+}(aq)+3e^- \rightleftharpoons In(s)$		-0.338
$Tl^+ + e^- \rightleftharpoons Tl(s)$		-0.3358
$Co^{2+}(aq)+2e^- \rightleftharpoons Co(s)$		-0.282
$PbCl_2(s)+2e^- \rightleftharpoons Pb(s)+Cl^-(aq)$		-0.2676
$Ni^{2+}(aq)+2e^- \rightleftharpoons Ni(s)$		-0.2363
$VO_2^+(aq)+4H^+ +5e^- \rightleftharpoons V(s)+2H_2O(l)$		-0.2337
$CuI(s)+e^- \rightleftharpoons Cu(s)+I^-(aq)$		-0.1858
$AgI(s)+e^- \rightleftharpoons Ag(s)+I^-(aq)$		-0.1515
$Sn^{2+}(aq)+2e^- \rightleftharpoons Sn(s)$		-0.1410

（续　表）

电极反应		E^{θ}(V)
氧化型	还原型	
$Pb(aq)+2e^- \Longleftrightarrow Pb(s)$		-0.1266
$^*CrO_4^{2-}(aq)+2H_2O(1)+3e^- \Longleftrightarrow CrO_2^-(aq)+4OH^-(aq)$		(-0.12)
$MnO_2(s)+2H_2O(1)+2e^- \Longleftrightarrow Mn(OH)2(s)+2OH^-(aq)$		-0.0514
$2H^+(aq)+2e^- \Longleftrightarrow H_2(g)$		0
$^*NO_3^-(aq)+H_2O(1)+e^- \Longleftrightarrow NO_2^-(aq)+2OH^-(aq)$		0.00849
$S_4O_6^{2-}(aq)+2e^- \Longleftrightarrow 2S_2O_3^{2-}(aq)$		0.02384
$AgBr(s)+e^- \Longleftrightarrow Ag(s)+Br^-(aq)$		0.07317
$S(s)+2H^+(aq)+2e^- \Longleftrightarrow H_2S(aq)$		0.1442
$Sn^{4+}(aq)+2e^- \Longleftrightarrow Sn^{2+}(aq)$		0.1539
$SO_4^{2-}(aq)+4H^+(aq)+2e^- \Longleftrightarrow H_2SO_3(aq)+H_2O(1)$		0.1576
$Cu^{2+}(aq)+e^- \Longleftrightarrow Cu^+(aq)$		0.1607
$AgCl(s)+e^- \Longleftrightarrow Ag(s)+Cl^-$		0.2222
$PbO_2(s)+H_2O(1)+2e^- \Longleftrightarrow PbO(s,黄色)+2OH^-(aq)$		0.2483
$Hg_2Cl_2(s)+2e^- \Longleftrightarrow 2Hg(1)+2Cl^-(aq)$		0.2680
$Cu^{2+}(aq)+2e^- \Longleftrightarrow Cu(s)$		0.3394
$[Fe(CN)6]^{3-}(aq)+e^- \Longleftrightarrow [Fe(CN)6]^{4-}(aq)$		0.3557
$[Ag(NH_3)_2]^+(aq)+e^- \Longleftrightarrow Ag(s)+2NH_3(aq)$		0.3719
$^*ClO_4^-(aq)+H_2O(1)+2e^- \Longleftrightarrow ClO_4^-(aq)+2OH^-(aq)$		0.3979
$^*O_2(g)+2H_2O(1)+4e^- \Longleftrightarrow 4OH^-(aq)$		0.4009
$2H_2SO_3(aq)+2H^+(aq)+4e^- \Longleftrightarrow S_2O_3^{2-}(aq)+3H_2O(1)$		0.4101
$H_2SO_3(aq)+4H^+(aq)+4e^- \Longleftrightarrow S(s)+3H_2O(1)$		0.4497
$Cu^+(aq)+e^- \Longleftrightarrow Cu(s)$		0.5180
$I_2(s)+2e^- \Longleftrightarrow 2I^-(aq)$		0.5345
$MnO_4^-(aq)+e^- \Longleftrightarrow MnO_4^{2-}(aq)$		0.5545
$H_3AsO_3(aq)+2H^+(aq)+2e^- \Longleftrightarrow H_3AsO_3(aq)+H_2O(1)$		0.5748
$^*MnO_4^-(aq)+2H_2O(1)+3e^- \Longleftrightarrow MnO_2(s)+4OH^-(aq)$		0.5965
$^*BrO_3^-(aq)+3H_2O(1)+6e^- \Longleftrightarrow Br^-(aq)+6OH^-(aq)$		0.6126
$^*MnO_4^{2-}(aq)+2H_2O(1)+2e^- \Longleftrightarrow MnO_2(s)+4OH^-(aq)$		0.6175
$2HgCl_2(aq)+2e^- \Longleftrightarrow Hg_2Cl_2(s)+2Cl^-(aq)$		0.6571
$O_2(g)+2H^+(aq)+2e^- \Longleftrightarrow H_2O_2(aq)$		0.6945
$Fe^{3+}(aq)+e^- \Longleftrightarrow Fe^{2+}(aq)$		0.769
$Hg_2^{2+}(aq)+2e^- \Longleftrightarrow 2Hg(1)$		0.7956
$NO_3^-(aq)+2H^+(aq)+e^- \Longleftrightarrow NO_2(g)+H_2O(1)$		0.7989
$Ag^+(aq)+e^- \Longleftrightarrow Ag(s)$		0.7991
$Hg^{2+}(aq)+2e^- \Longleftrightarrow Hg(1)$		0.8519
$^*HO_2^-(aq)+H_2O(1)+2e^- \Longleftrightarrow 3OH^-(aq)$		0.8670

（续　表）

电极反应		$E^{\theta}(V)$
氧化型	还原型	
$^*ClO^-(aq)+H_2O(1)+2e^- \rightleftharpoons Cl^-(aq)+2OH^-$		0.8902
$2Hg^{2+}(aq)+2e^- \rightleftharpoons Hg_2^{2+}(aq)$		0.9083
$NO_3^-(aq)+3H^+(aq)+2e^- \rightleftharpoons HNO_2(aq)+H_2O(1)$		0.9275
$NO_3^-(aq)+4H^+(aq)+3e^- \rightleftharpoons NO(aq)+2H_2O(1)$		0.9637
$HNO_2(aq)+H^+(aq)+e^- \rightleftharpoons NO(aq)+H_2O(1)$		1.04
$Br_2(1)+2e^- \rightleftharpoons 2Br^-(aq)$		1.0774
$2IO_3^-(aq)+12H^+(aq)+10e^- \rightleftharpoons I_2(s)+6H_2O(1)$		1.209
$O_2(g)+4H^+(aq)+4e^- \rightleftharpoons 2H_2O(1)$		1.229
$MnO_2(s)+4H^+(aq)+2e^- \rightleftharpoons Mn^{2+}(aq)+2H_2O(1)$		1.2293
$O_3(g)+H_2O(1)+2e^- \rightleftharpoons O_2(g)+2OH^-(aq)$		1.247
$Cr_2O_7^{2-}(aq)+14H^+(aq)+6e^- \rightleftharpoons 2Cr^{3+}(aq)+7H_2O(1)$		（1.33）
$Cl_2(g)+2e^- \rightleftharpoons 2Cl^-(aq)$		1.360
$PbO_2(s)+4H^+(aq)+2e^- \rightleftharpoons Pb^{2+}(aq)+2H_2O(1)$		1.458
$MnO_4^-(aq)+8H^+(aq)+5e^- \rightleftharpoons Mn^{2+}(aq)+4H_2O(1)$		1.512
$2BrO_3^-(aq)+12H^+(aq)+10e^- \rightleftharpoons Br_2(1)+6H_2O(1)$		1.513
$H_5IO_6(aq)+H^+(aq)+2e^- \rightleftharpoons IO_3^-(aq)+3H_2O(1)$		（1.60）
$2HClO(aq)+2H^+(aq)+2e^- \rightleftharpoons Cl_2(g)+2H_2O(1)$		1.630
$MnO_4^-(aq)+4H^+(aq)+3e^- \rightleftharpoons MnO_2(s)+2H_2O(1)$		1.700
$H_2O_2(aq)+2H^+(aq)+2e^- \rightleftharpoons 2H_2O(1)$		1.763
$S_2O_8^{2-}(aq)+2e^- \rightleftharpoons 2SO_4^{2-}(aq)$		1.939
$Co^{3+}(aq)+e^- \rightleftharpoons Co^{2+}(aq)$		1.95
$O_3(g)+2H^+(aq)+2e^- \rightleftharpoons O_2(g)+H_2O(1)$		2.075
$F_2(g)+2e^- \rightleftharpoons 2F^-(aq)$		2.889
$F_2(g)+2H^+(aq)+2e^- \rightleftharpoons 2HF(aq)$		3.076

7. 溶液的 pH

（1）标准缓冲溶液

温度（℃）	（1） $0.05mol \cdot L^{-1}$ 草酸三氢钾	（2） 饱和酒石酸氢钾	（3） $0.05mol \cdot L^{-1}$ 邻苯二甲酸氢钾	（4） $0.025mol \cdot L^{-1}$ KH2PO4＋ $0.025mol \cdot L^{-1}$ Na2HPO4	（5） $0.01mol \cdot L^{-1}$ 硼砂	（6） 饱和氢氧化钙
0	1.666	–	4.003	6.984	9.464	13.423
5	1.668	–	3.999	6.951	9.395	13.207
10	1.67	–	3.998	6.923	9.332	13.003
15	1.672	–	3.999	6.9	9.276	12.81

（续 表）

温度（℃）	（1） 0.05mol·L⁻¹ 草酸三氢钾	（2） 饱和酒石酸氢钾	（3） 0.05mol·L⁻¹ 邻苯二甲酸氢钾	（4） 0.025mol·L⁻¹ KH2PO4＋ 0.025mol·L⁻¹ Na2HPO4	（5） 0.01mol·L⁻¹ 硼砂	（6） 饱和氢氧化钙
20	1.675	–	4.002	6.881	9.225	12.627
25	1.679	3.557	4.008	6.865	9.18	12.454
30	1.683	3.552	4.015	6.853	9.139	12.289
35	1.688	3.549	4.024	6.844	9.102	12.133
38	1.691	3.548	4.03	6.84	9.081	12.043
40	1.694	3.547	4.035	6.838	9.068	11.984
45	1.7	3.547	4.047	6.834	9.038	11.841
50	1.707	3.549	4.06	6.833	9.011	11.705
55	1.715	3.554	4.075	6.834	8.985	11.574
60	1.723	3.56	4.091	6.836	8.962	11.449
70	1.743	3.58	4.126	6.845	8.921	–
80	1.766	3.609	4.164	6.859	8.885	–
90	1.792	3.65	4.205	6.877	8.85	–
95	1.806	3.674	4.227	6.886	8.833	–

（2）常用缓冲溶液 pH 范围

缓冲溶液	pK	pH 有效范围
盐酸–邻苯二甲酸氢钾[HCl–C₆H₄(COO)₂HK]	3.1	2.2～4.0
柠檬酸–氢氧化钠[C₃H₄(COOH)₃–NaOH]	2.9,4.1,5.8	2.2～6.5
甲酸–氢氧化钠（HCOOH–NaOH）	3.8	2.8～4.6
乙酸–乙酸钠（CH₃COOH–CH₃COONa）	4.8	3.6～5.6
邻苯二甲酸氢钾–氢氧化钾[C₆H₄(COO)₂HK–KOH]	5.4	4.0～6.2
琥珀酸氢钠–琥珀酸钠[HOOCCH₂–CH₂COONa， (CH₂COONa)₂]	5.5	4.8～6.3
柠檬酸氢二钠–氢氧化钠[[C₃H₄(COO)₂HNa₂–NaOH]	5.8	5.0～6.3
磷酸二氢钾–氢氧化钠（KH₂PO₄–NaOH）	7.2	5.8～8.0
磷酸二氢钾–硼砂（KH₂PO₄–Na₂B₄O₇）	7.2	5.8～9.2
磷酸二氢钾–磷酸氢二钾（KH₂PO₄–K₂HPO₄）	7.2	5.9～8.0
硼酸–硼砂（H₃BO₃–Na₂B₄O₇）	9.2	7.2～9.2
硼酸–氢氧化钠（H₃BO₃–NaOH）	9.2	8.0～10.0
氯化铵–氨水（NH₄Cl–NH₃·H₂O）	9.3	8.3～10.3
碳酸氢钠–碳酸钠（NaHCO₃–Na₂CO₃）	10.3	9.2～11.0
磷酸二氢钠–氢氧化钠（Na₂HPO₄–NaOH）	12.4	11.0～12.0

（3）某些氢氧化物沉淀和溶解时的pH

氢氧化物	pH				
	开始沉淀		沉淀完全	沉淀开始溶解	沉淀完全溶解
	原始浓度（$1mol \cdot L^{-1}$）	原始浓度（$1mol \cdot L^{-1}$）			
$Be(OH)_2$	5.2	6.2	8.8		
$Mg(OH)_2$	9.4	10.4	12.4		
$Al(OH)_3$	3.3	4.0	5.2	7.8	10.8
$TiO(OH)_2$	0	0.5	2.0		
$Cr(OH)_3$	4.0	4.9	6.8	12	>14
$Mn(OH)_2$	7.8	8.8	10.4	14	
$Fe(OH)_2$	6.5	7.5	9.7	10.5	12～13
$Fe(OH)_3$	1.5	2.3	4.1		
$Co(OH)_2$	6.6	7.6	9.2	11.5	
$Ni(OH)_2$	6.7	7.7	9.5	13.5	
$Zn(OH)_2$	5.4	6.4	8.0	14	
$ZrO(OH)_2$	1.3	2.3	3.8	10	13.5
$Sn(OH)_2$	0.9	2.1	4.7		
$Sn(OH)_4$	0	0.5	1.0	13	>14
Ag_2O	6.2	8.2	11.2	12.7	
$Cd(OH)_2$	7.2	8.2	9.7		
HgO	1.3	2.4	5.0	11.5	

8. 实验室常用试剂的配制方法

（1）浓度为$10g \cdot L^{-1}$的阳离子定性溶液的配制方法

阳离子	试剂	配制方法
NH_4^+	NH_4NO_3	44g溶于水，稀释至1L
Na^+	$NaNO_3$	37g溶于水，稀释至1L
Mg^{2+}	$Mg(NO_3)_2 \cdot 6H_2O$	106g溶于水，稀释至1L
Al^{3+}	$Al(NO_3)_3 \cdot 9H_2O$	139g加1:1 HNO_3 10mL，用水稀释至1L
K^+	KNO_3	26g溶于水，稀释至1L
Ca^{2+}	$Ca(NO_3)_2 \cdot 4H_2O$	60g溶于水，稀释至1L
Cr^{3+}	$Cr(NO_3)_2 \cdot 9H_2O$	77g溶于水，稀释至1L
Mn^{2+}	$Mn(NO_3)_2 \cdot 6H_2O$	53g加1:1 HNO_3 5 mL，用水稀释至1L
Fe^{2+}	$(NH_4)_2Fe(SO_4)_2 \cdot 6H_2O$	70g加1:1 H_2SO_4 20 mL，用水稀释至1L
Fe^{3+}	$Fe(NO_3)_3 \cdot 9H_2O$	72g加1:1 HNO_3 20 mL，用水稀释至1L
Co^{2+}	$Co(NO_3)_2 \cdot 6H_2O$	50g溶于水，稀释至1L

（续　表）

阳离子	试剂	配制方法
Ni^{2+}	$Ni(NO_3)_2 \cdot 6H_2O$	50g溶于水，稀释至1L
Cu^{2+}	$Cu(NO_3)_2 \cdot 6H_2O$	38g加1:1 HNO_3 5 mL，用水稀释至1L
Zn^{2+}	$Zn(NO_3)_2 \cdot 6H_2O$	46g加1:1 HNO_3 5 mL，用水稀释至1L
Sr^{2+}	$Sr(NO_3)$ $4H_2O$	32g溶于水，稀释至1L
Ag^+	$AgNO_3$	16g溶于水，稀释至1L
Sn^{4+}	$SnCl_4$	22g加1:1 HCl溶解，并用该酸稀释至1L
Ba^{2+}	$Ba(NO_3)_2$	19g溶于水，稀释至1L
Pb^{2+}	$Pb(NO_3)_2$	16g加1:1 HNO_3 10 mL，用水稀释至1L
Hg^{2+}	$Hg(NO_3)_2 \cdot H_2O$	17g加1:1 HNO_3 20 mL，用水稀释至1L

（2）浓度为10g·L^{-1}的阴离子定性溶液的配制方法

阴离子	试剂	配制方法
CO_3^{2-}	$Na_2CO_3 \cdot 10H_2O$	48g溶于水，稀释至1L
NO_3^-	$NaNO_3$	14g溶于水，稀释至1L
PO_4^{3-}	$Na_2HPO_4 \cdot 12H_2O$	38g溶于水，稀释至1L
S^{2-}	$Na_2S \cdot 9H_2O$	75g溶于水，稀释至1L
SO_3^{2-}	Na_2SO_3	16g溶于水，稀释至1L
$S_2O_3^{2-}$	$Na_2S_2O_3 \cdot 5H_2O$	22g溶于水，稀释至1L
SO_4^{2-}	$Na_2SO_4 \cdot 10H_2O$	34g溶于水，稀释至1L
Cl^-	NaCl	17g溶于水，稀释至1L
I^-	KI	13g溶于水，稀释至1L
CrO_4^{2-}	K_2CrO_4	17g溶于水，稀释至1L

（3）实验室定性用重要试剂的配制方法

试剂名称	浓度（mol·L^{-1}）	配制方法
Cl_2水	Cl_2的饱和水溶液	将Cl_2通入水中至饱和为止（现配现用）
Br_2	Br_2的饱和水溶液	在带有良好磨口塞的玻璃瓶内，将市售的约50g(16ml)Br_2注入 1L水中，在2h内经常剧烈震荡，每次震荡之后微开塞子，使积聚的Br_2蒸气放出。在储存瓶底总有过量的溴。将Br_2倒入试剂瓶时，剩余的Br_2应留于储存器中，而不倒入试剂瓶（倾倒Br_2和Br_2水时，应在通风橱中进行，将凡士林涂在手上或带橡皮手套操作，以防Br_2蒸气灼伤）

（续　表）

试剂名称	浓度（$mol \cdot L^{-1}$）	配制方法
I_2	0.005	将1.3g I_2和5g KI溶解在尽可能少的水中，待I_2完全溶解后（充分搅动）再加水稀释至1L
亚硝酰铁氰化钠	3	称取3g $Na_2[Fe(CN)_5NO] \cdot 2H_2O$溶于100mL水中
淀粉溶液	0.5	称取易溶1g淀粉和5mg $HgCl_2$（作防腐剂）置于烧杯中，加水少许调成薄浆，然后倾入200mL沸水中
萘斯勒试剂		称取115g HgI_2和80g KI溶于足量的水中，稀释至500mL，然后加500mL 6$mol \cdot L^{-1}$ NaOH溶液，静置后取其清液保存于棕色瓶中
对氨基苯磺酸	0.34	0.5g对氨基苯磺酸溶于150mL 2$mol \cdot L^{-1}$ HAc溶液中
a-萘胺	0.12	0.3g a-萘胺加20mL水，加热煮沸，在所得溶液中加入150mL 2$mol \cdot L^{-1}$ HAc
钼酸铵		5g钼酸铵加100mL水中，加入35mL HNO_3（密度1.2$g \cdot mL^{-1}$）
硫代乙酰胺	5	5g硫代乙酰胺溶于100mL水中
钙指示剂	0.2	0.2g钙指示剂溶于100mL水中
镁试剂	0.007	0.001g镁试剂溶于100mL 2$mol \cdot L^{-1}$NaOH
铝试剂	1	1g铝试剂溶于1L水中
二苯硫腙	0.01	10mg二苯硫腙溶于100mL CCl_4中
丁二酮肟	1	1g丁二酮肟溶于100mL 95%乙醇中
乙酸铀酰锌		（1）10g $UO_2(Ac)_2 \cdot H_2O$和6mL 6$mol \cdot L^{-1}$ HAc溶于50mL水中 （2）30g $Zn(Ac)_2 \cdot 2H_2O$和3mL 6$mol \cdot L^{-1}$ HCl溶于50mL水中 将（1）、（2）两种溶液混合，24h后取清液使用

（续 表）

试剂名称	浓度（mol·L⁻¹）	配制方法
二苯碳酰二肼	0.04	0.04g 二苯碳酰二肼溶于 20mL 95%乙醇中，边搅拌，边加入 80mL(1:9)H_2SO_4，配制好的溶液应该保存在冰箱中
六亚硝酸合钴（Ⅲ）钠盐		20g $Na_3[Co(NO_2)_6]$和 20g NaAc，溶解于 20mL 冰醋酸和 80mL 水的混合溶液中，储于棕色瓶中备用，易现配现用，储存过久溶液的颜色变为红色即失效
硫化钠	1	称取 240g $Na_2S \cdot 9H_2O$ 40g NaOH 溶于适量水中，稀释至 1L，混匀
硫化铵	3	H_2S 通入 200mL 浓 $NH_3 \cdot H_2O$ 中直至饱和，然后再加 200mL 浓 $NH_3 \cdot H_2O$，最后加水稀释至 1L，混匀
氯化亚锡	0.25	称取 56.4g $SnCl_2 \cdot 2H_2O$ 溶于 100g 浓 HCl，加水稀释至 1L，混匀，必要时在溶液放几颗纯锡粒
氯化铁	0.25	称取 135.2g $FeCl_3 \cdot 6H_2O$ 溶于 100mL 6mol·L⁻¹ HCl 中，加水稀释至 1L，摇匀
三氯化铬	0.1	称取 26.7g $CrCl_3 \cdot 6H_2O$ 溶于 30mL 6mol·L⁻¹ HCl 中，加水稀释至 1L
硝酸亚汞	0.1	称取 56g $Hg_2(NO_3)_2 \cdot 2H_2O$ 溶于 250mL 6mol·L⁻¹ HNO₃ 中，加水稀释至 1L，摇匀，并加少许金属汞
硝酸铅	0.25	称取 83g $Pb(NO_3)_2$ 溶于少量水中，加入 15mL 6 mol·L⁻¹ HNO₃，用水稀释至 1L，摇匀
硝酸铋	0.1	称取 48.5g $Bi(NO_3)_2 \cdot 5H_2O$ 溶于 250mL 1mol·L⁻¹ HNO₃ 中，用水稀释至 1L，摇匀
硝酸亚铁	0.25	称取 69.5 $FeSO_4 \cdot 7H_2O$ 溶于适量水中，加入 5mL 18mol·L⁻¹ H_2SO_4，再加水稀释至 1L，摇匀，并置入少量还原铁粉

（4）实验室标准溶液的配置和标定

编　号	标准溶液	配置方法
I	$0.0500mol \cdot L^{-1}$ Na_2CO_3	5.300g基准Na_2CO_3溶于去CO_2的蒸馏水中,稀释至1L(容量瓶),摇匀
II	$0.0500mol \cdot L^{-1}$ $Na_2C_2O_4$	6.700g基准$Na_2C_2O_4$溶于蒸馏水中,稀释至1L(容量瓶),摇匀
III	$0.0170mol \cdot L^{-1}$ $K_2Cr_2O_7$	500.1g基准$K_2Cr_2O_7$溶于蒸馏水,稀释至1L(容量瓶),摇匀
IV	$0.0250mol \cdot L^{-1}$ As_2O_3	4.946g基准As_2O_3,15g Na_2CO_3在加热下溶于150ml蒸馏水中,加25ml $0.5mol \cdot L^{-1}$ H_2SO_4,稀释至1L(容量瓶),摇匀
V	$0.0170mol \cdot L^{-1}$ KIO_3	3.638g基准KIO_3溶于蒸馏水,稀释至1L(容量瓶),摇匀
VI	$0.0170mol \cdot L^{-1}$ $KBrO_3$	2.839g基准$KBrO_3$溶于蒸馏水,稀释至1L(容量瓶),摇匀
VII	$0.1000mol \cdot L^{-1}$ $NaCl$	5.844g基准$NaCl$溶于蒸馏水,稀释至1L(容量瓶),摇匀
VIII	$0.0100mol \cdot L^{-1}$ $CaCl_2$	一级$CaCO_3$在110℃下干燥,称取1.001g,用少量稀HCl溶解,煮沸赶去CO_2,稀释至1L(容量瓶),摇匀
IX	$0.0100mol \cdot L^{-1}$ $ZnCl_2$	0.6538g基准Zn加少量稀HCl溶解,加几滴溴水,煮沸赶去过剩的溴,稀释至1L(容量瓶),摇匀
X	$0.1000mol \cdot L^{-1}$ 邻苯二甲酸氢钾	20.423g基准邻苯二甲酸氢钾溶于去CO_2的蒸馏水中,稀释至1L(容量瓶),摇匀

（5）实验室用特殊试剂的配制方法

酚酞(ω为0.01)指示剂:1g酚酞溶解于90mL酒精与10mL水的混合液中。

甲基红(ω为0.001):0.1g甲基红溶于60mL酒精中,加水稀释至100mL。

甲基橙(ω为0.001):0.1g甲基橙溶于100mL水中,必要时加以过滤。

淀粉(ω为0.005)溶液:在盛有5g可溶性淀粉与100mg氯化锌的烧杯中,加入少量水,搅匀。把得到的糊状物倒入约1L正在沸腾的水中,搅匀并煮沸至完全透明。淀粉溶液最好现用现配。

百里酚蓝和甲酚红混合指示剂:取3份ω为0.001的百里酚蓝酒精溶液与1份ω为0.001甲酚红溶液混合均匀(在混合前一定要溶解完全)。

铬黑T指示剂:1g铬黑T与100g无水Na_2SO_4固体混合,研磨均匀,放入干燥的磨口瓶中,保存于干燥器内。该指示剂也可配成ω为0.005的溶液使用,配置方法如下:0.5g铬黑T加10mL三乙醇胺和90mL乙醇,充分搅拌使其溶解完全。配置的溶液不宜久放。

钙指示剂：钙指示剂与固体无水 Na_2SO_4 以 2∶100 比例混合，研磨均匀，放入干燥棕色瓶中，保存于干燥器内。或配成 ω 为 0.005 的溶液使用（最好用新配置的）。配置方法与铬黑 T 类似。

镁试剂 I：将 0.001g 对硝基苯偶氮间苯二酚溶于 100mL 1mol·L^{-1} NaOH 溶液中。

铝试剂（ω 为 0.002）：0.2g 铝试剂溶于 100mL 水中。

奈斯勒试剂：将 11.5g HgI_2 及 8g KI 溶于水中稀释至 50mL，加入 6mol·L^{-1} NaOH 50mL，静置后取清液贮于棕色瓶中。

甲基橙-二甲苯赛安路 FF 混合指示剂（也称遮蔽指示剂，变色点 3.8）：称取甲基橙 1.0g，用 500mL 水完全溶解。另称取 1.8g 蓝色染料二甲苯赛安路 FF，用 500mL 酒精完全溶解，然后将两种指示剂混合均匀。取 2 滴混合指示剂用于酸碱滴定，检查是否有明显的颜色变化。如终点呈蓝灰色，可在原指示剂中滴加甲基橙（ω 为 0.001）少许；如终点呈灰绿色稍带红色，可滴加少许蓝色染料。调至有敏锐的终点（即从碱性变到酸性由绿色变为灰或无色）后，贮存于棕色瓶中。

硝胺指示剂（ω 为 0.001）：0.1g 硝胺溶于 100mL ω 为 0.70 的酒精溶液中。

邻菲咯啉指示剂（ω 为 0.0025）：0.25g 邻菲咯啉指示剂加 5 滴 6mol·L^{-1} H_2SO_4，溶于 100mL 水中。

二苯胺磺酸钠（ω 为 0.005）：0.5g 二苯胺磺酸钠溶解于 100mL 水中，如溶液浑浊，可滴加少量 HCl 溶液。

醋酸铀酰锌：10g $UO_2(Ac)_2$·$2H_2O$ 溶于 6mL ω 为 0.30 的 HAc 中，略微加热使其溶解，稀释至 50mL（溶液 A）。另溶解 30g $Zn(Ac)_2$·$2H_2O$ 于 6mL ω 为 0.30 的 HAc 中，搅动后稀释到 50mL（溶液 B）。将这两种溶液加热至 70℃ 后混合，静置 24h，取其澄清溶液贮于棕色瓶中。

钼酸铵试剂（ω 为 0.05）：5g $(NH_4)_2MoO_4$ 加 5mL 浓 HNO_3，加水溶至 100mL。

磺基水杨酸（ω 为 0.10）：10g 磺基水杨酸溶于 65mL 水中，加入 35mL 2mol·L^{-1} NaOH，摇匀。

硫酸铁铵溶液 $NH_4Fe(SO_4)_2$·$12H_2O$（ω 约为 0.40）：硫酸铁铵的饱和水溶液加浓 HNO_3 至溶液变清。

硫代乙酰胺（ω 为 0.05）：5g 硫代乙酰胺溶于 100mL 水中，如溶液浑浊，过滤。

二乙酰二肟：1g 二乙酰二肟溶于 100mL ω 为 0.95 的酒精中。

钴亚硝酸钠试剂：23g $NaNO_2$ 溶于 50mL 水中，加 16.5mL 6mol·L^{-1} HAc 及 3g $Co(NO_3)_2$·$6H_2O$，静置过夜，过滤或取其清液，稀释至 100mL 贮存于棕色瓶中。每配置一次可以使用一个星期。或在使用前直接加六硝基合钴酸钠固体于水中，至溶液为深红色。

亚硝酰铁氰化钠：1g亚硝酰铁氰化钠溶于100mL水中，使用前配制。

硫氰酸汞铵$(NH_4)_2[Hg(SCN)_4]$：8g $HgCl_2$和$9gNH_4SCN$溶于100mL水中。

氯化亚锡$(1mol \cdot L^{-1})$：23g $SnCl_2 \cdot 2H_2O$溶于34mL浓HCl中，加水稀释至100mL，现配现用。

二苯碳酰二肼丙酮(ω为0.0025)：0.25g二苯碳酸二肼溶于100mL丙酮。

银氨溶液：1.7g $AgNO_3$溶解于17mL浓氨水中，再用蒸馏水稀释至1L。

碘化钾-亚硫酸钠溶液：50g KI和200g $Na_2SO_3 \cdot 7H_2O$溶于1000mL水中。

a-萘胺：0.3g a-萘胺与20mL水煮沸，在所得溶液中加150mL $2mol \cdot L^{-1}HAc$。

斐林试剂：

溶液1，3.5g分析纯的$CuSO_4 \cdot 5H_2O$溶解于有5滴H_2SO_4的蒸馏水中，稀释溶液至50mL。

溶液2，7g NaOH及17.5g酒石酸钾纳溶解于40mL水中，稀释溶液至50mL；使用前把等体积的溶液2加入溶液1中，同时需充分搅拌。

品红(ω为0.001)溶液：将0.1g品红于100mL水中。

喹钼柠酮混合溶液试剂：

溶液1，称取70g钼酸钠，溶于150mL蒸馏水。

溶液2，称取60g柠檬酸，溶于85mL硝酸和150mL蒸馏水的混合液中，冷却。

溶液3，在不断搅拌下将溶液1慢慢加至溶液2中。

溶液4，5mL喹啉溶于35mL浓HNO_3和100mL蒸馏水的混合液中。

溶液5，在不断搅拌下将溶液4缓慢加至溶液3中，混匀，放置暗处24h后，过滤。在溶液中加入280mL丙酮(如试样中不含铵离子，也可不加丙酮)，用蒸馏水稀释至1L，混匀后贮存于聚乙烯，放置暗处备用。

9. 基准物质的干燥条件

基准物质	使用前的干燥条件
硝酸钠	在钳锅中加热到270～300℃干燥至恒重
氨基磺酸	在抽真空的硫酸干燥器中放置约48h
邻苯二甲酸氢钾	在105～110℃下干燥至重
草酸钠	在105～110℃下干燥至重
重铬酸钾	在140℃下干燥至恒重
碘酸钾	在105～110℃下干燥只恒重
溴酸钾	在180℃下干燥1～2h
As_2O_3	在硫酸干燥器中干燥至恒重
铜	在硫酸干燥器中放置2h
氯化钠	在500～600℃下灼烧至恒重
氟化钠	在钳锅中加热到600～650℃，灼烧至恒重
锌	用$6mol \cdot L^{-1}$ HCl冲洗表面，在用水、乙醇、丙酮冲洗，在干燥器中放置24h

10. 常见离子鉴定方法

（1）常见阳离子的鉴定方法

阳离子	鉴定方法	条件及干扰
NH_4^+	用干燥、洁净的一大一小两块表面皿，在大的一块表面皿中心放3滴 NH_4^+ 试液，再加3滴 $6mol \cdot L^{-1}$ NaOH 溶液，混合均匀。在小的表面皿中心粘附一条润湿的酚酞试纸，盖在大的表面皿上形成气室。将此气室放在水浴上微热2分钟，酚酞试纸变红，示 NH_4^+	这是 NH_4^+ 的特征反应
Na^+	取2滴 Na^+ 试液，加8滴醋酸铀酰锌试剂，放置数分钟，用玻璃棒摩擦器壁，淡黄色的晶体状沉淀出现，示有 Na^+ $$3UO_2^{2+} + Zn^{2+} + Na^+ + 9Ac^- + 9H_2O$$ $$=\!=\!= UO_2(Ac)_2 \cdot Zn(Ac)_2 \cdot NaAc \cdot 9H_2O \downarrow$$	1. 鉴定宜在中性或 HAc 酸性溶液中进行，强酸和强碱均能使试剂分解 2. 大量 K^+ 存在时，可干扰鉴定 Ag^+、Hg^{2+}、Sb^{2+} 也有干扰作用，PO_4^{2-}、AsO_4^{3-} 能使试剂分解
Mg^{2+}	取2滴 Mg^{2+} 试液，加2滴 $2\ mol \cdot L^{-1}$ NaOH 溶液，1滴镁试剂 I，沉淀呈蓝色，表示有 Mg^{2+}	1. 反应宜在碱性溶液中进行，NH_4^+ 浓度过大回影响鉴定，故需要在鉴定前加碱煮沸，除去 NH_4^+ 2. Ag^+、Hg^{2+}、Cu^{2+}、Co^{2+}、Ni^{2+}、Mn^{2+}、Cr^{3+}、Fe^{3+} 及大量 Ca^{2+} 干扰反应，应预先分离
Al^{3+}	取1滴 Al^{3+} 试液，加2～3滴水，2滴 $3mol \cdot L^{-1}$ NH_4Ac 及3滴铝试剂，搅拌，微热，加 $6mol \cdot L^{-1}$ $NH_3 \cdot H_2O$ 至碱性，红色沉淀不消失，表示有 Al^{3+}	1. 鉴定宜在 $HAc-NH_4Ac$ 的缓冲溶液中进行 2. Cr^{3+}、Fe^{3+}、Bi^{3+}、Cu^{2+}、Ca^{2+} 对鉴定有干扰，但加氨水后，Cr^{3+}、Cu^{2+} 生成的红色化合物分解，加入 $(NH_4)_2CO_3$ 可使 Ca^{2+} 生成 $CaCO_3$，可预先加 NaOH 除去 Bi^{3+}、Fe^{3+}、Cu^{2+}
K^+	取2滴 K^+ 试液，加入3滴六硝基合钴酸钠（ $Na_3[Co(NO_2)_6]$ ）溶液，放置片刻，黄色的 $K_2Na[Co(NO_2)_6]$ 沉淀析出，表示有 K^+	1. 鉴定宜在中性、微酸性溶液中进行。因强酸、强碱均能使 $[Co(NO_2)_6]^{3-}$ 分解 2. NH_4^+ 能与试剂生成橙色沉淀而干扰实验效果，但在沸水浴中加热1～2min后，$(NH_4)_2Na[Co(NO_2)_6]$ 完全分解，而 $K_2Na[Co(NO_2)_6]$ 不变

（续　表）

阳离子	鉴定方法	条件及干扰
Ca^{2+}	取 2 滴 Ca^{2+} 试液,滴入饱和 $(NH_4)_2C_2O_4$ 溶液,有白色的 CaC_2O_4 沉淀形成,表示有 Ca^{2+}	1. 反应宜在 HAc 溶液中进行 2. Mg^{2+}、Sr^{2+}、Ba^{2+} 有干扰,但 MgC_2O_4 溶于醋酸,Sr^{2+}、Ba^{2+} 在鉴定前除去
Cr^{3+}	取 3 滴 Cr^{3+} 试液,加 6mol·L^{-1} NaOH 溶液至生成的沉淀溶解,搅拌后加 4 滴 ω 为 0.03 的 H_2O_2,水浴加热,待溶液变为黄色后,继续加热将剩余的 H_2O_2 完全分解,冷却,加 6mol·L^{-1} HAc 酸化,加 2 滴 0.1mol·L^{-1} $Pb(NO_3)_2$ 溶液,生成黄色沉淀,表示有 Cr^{3+}	鉴定反应中,Cr^{3+} 的氧化需在碱性条件下进行;而形成 $PbCrO_4$ 的反应,须在弱酸性(HAc)溶液中进行
Mn^{2+}	取 1 滴 Mn^{2+} 试剂,加 10 滴水,5 滴 2mol·L^{-1} HNO_3 溶液,然后加少许 $NaBiO_3(s)$,搅拌,水浴加热,形成紫色溶液,表示有 Mn^{2+}	1. 鉴定反应可在 HNO_3 或者 H_2SO_4 酸性溶液中进行 2. 还原剂 Cl^-、Br^-、I^- 和 H_2O_2 等干扰
Fe^{2+}	取 1 滴 Fe^{2+} 试液在白色滴板上,加 1 滴 2mol·L^{-1} HCl 及 $K_3[Fe(CN)_6]$ 溶液,出现蓝色沉淀,表示有 Fe^{2+}	鉴定反应在酸性溶液中进行
	取 1 滴 Fe^{2+} 试液,加 3 滴邻菲咯啉溶液,生成橘红色溶液,表示有 Fe^{2+}	鉴定反应在微酸溶液中进行,选择性和灵敏度均较好
Fe^{3+}	取 1 滴 Fe^{3+} 试液,放在自滴板上,加 1 滴 2mol·L^{-1} HCl 及 1 滴 $K_4[Fe(CN)_6]$ 溶液,生成蓝色沉淀,表示有 Fe^{3+}	1. 鉴定反应在酸性溶液中进行 2. 大量存在 Cu^+、Co^{2+}、Ni^{2+} 等离子,有干扰,需分离后再做鉴定
	取 1 滴 Fe^{3+} 试剂,加 1 滴 0.5mol·L^{-1} NH_4SCN 溶液,形成血红色溶液,表示有 Fe^{3+}	1. F^-、H_3PO_4、$H_2C_2O_4$、酒石酸、柠檬酸等与 Fe^{3+} 形成稳定的配合物而干扰 2. Co^{2+}、Ni^{2+}、Cr^{3+} 和 Cu^{2+},因离子有色,会降低检出 Fe^{3+} 的灵敏度
Co^{2+}	取 1 滴 Co^{2+} 试剂,加 10 滴饱和 NH_4SCN 溶液,加 5~6 滴戊醇溶液,震荡,静置,有机层呈蓝绿色,表示有 Co^{2+}	1. 鉴定反应需用浓 NH_4SCN 溶液 2. Fe^{3+} 有干扰,加 NaF 掩蔽,大量 Cu^{2+} 也有干扰

（续 表）

阳离子	鉴定方法	条件及干扰
Ni^{2+}	取1滴Ni^{2+}试液放在白色点滴板上，加1滴6mol·L^{-1}NH$_3$·H$_2$O，加1滴二乙酰二肟溶液，凹槽四周形成红色沉淀，表示有Ni^{2+}	1. 鉴定反应在氨水溶液中进行，合适的酸度pH＝5～10 2. Fe^{2+}、Fe^{3+}、Cu^{2+}、Co^{2+}、Cr^{3+}、Mn^{2+}有干扰，可加柠檬酸或酒石酸掩蔽
Cu^{2+}	取1滴Cu^{2+}试液，加1滴6mol·L^{-1}HAc酸化，然后加1滴K$_2$[Fe(CN)$_6$]溶液，红棕色沉淀出现，表示有Cu^{2+}	1. 鉴定反应在中性或弱酸性溶液中进行 2. Fe^{3+}及大量的Co^{2+}、Ni^{2+}会干扰
Zn^{2+}	取2滴Zn^{2+}试液，用2 mol·L^{-1}HAc酸化，加入等体积的(NH$_4$)$_2$Hg(SCN)$_4$溶液，生成白色沉淀，表示有Zn^{2+}	1. 鉴定反应在中性或微酸性中进行 2. 少量Co^{2+}、Cu^{2+}存在，形成蓝紫色混晶，有利于观察，但含量大有时干扰，Fe^{3+}有干扰
Sn^{IV} Sn^{2+}	1. Sn^{IV}还原：取2～3滴Sn^{IV}溶液，加镁片2～3片，不断搅拌，待反应完全后，加2滴6 mol·L^{-1}HCl，微热，Sn^{IV}即被还原成Sn^{2+}； 2. Sn^{2+}的鉴定：取2滴0.1 mol·L^{-1}HgCl$_2$溶液，生成白色沉淀，表示有Sn^{2+}	反应的特效性比较好。注意：若白色沉淀生成后，颜色迅速变灰，变黑，这是由于Hg$_2$Cl$_2$进一步反应被还原成Hg
Ag+	取2滴Ag$^+$试液，加2滴2mol·L^{-1}，混匀，水浴加热，离心分离，在沉淀上加4滴6mol·L^{-1}氨水，沉淀溶解，再加6mol·L^{-1}HNO$_3$酸化，白色沉淀重又出现，表示有Ag$^+$	
Ba^{2+}	取2滴Ba^{2+}试液，加1滴0.1mol·L^{-1}K$_2$CrO$_4$溶液，有黄色沉淀生成，表示有Ba^{2+}	鉴定宜在HAc-NH$_4$Ac的缓冲溶液中进行
Hg^{2+}	取1滴Hg$^+$试液，加1mol·L^{-1}KI溶液，使生成的沉淀完全溶解后，加2滴KI-Na$_2$SO$_3$溶液，2～3滴Cu^{2+}溶液，生成橘黄色沉淀，示有Hg^{2+}	CuI是还原剂，须考虑到氧化剂(Ag$^+$、Fe^{3+}等)的干扰
Pb^{2+}	取2滴Pb^{2+}试液，加2滴0.1mol·L^{-1}K$_2$CrO$_4$溶液，生成黄色沉淀，表示有Pb^{2+}	1. 鉴定在HAc溶液中进行，因为沉淀在强酸强碱中均可溶解 2. Ba^{2+}、Bi^{3+}、Hg^{2+}、Ag$^+$等干扰

（2）常见阴离子的鉴定方法

阴离子	鉴定方法	条件及干扰
CO_3^{2-}	1. 浓度较大的 CO_3^{2-} 溶液，用 $6mol \cdot L^{-1}$ HCl 溶液酸化后，产生的 CO_2 气体使澄清的石灰水或 $Ba(OH)_2$ 溶液变浑浊，表示有 CO_3^{2-}	
	2. 当 CO_3^{2-} 量较少，或同时存在其它能与酸产生气体的物质时，可用 $Ba(OH)_2$ 气瓶法检出。 取出滴管，在玻璃瓶中加少量 CO_3^{2-} 试样，从滴管上口加入 1 滴饱和 $Ba(OH)_2$ 溶液，然后往玻璃瓶中加 5 滴 6 $mol \cdot L^{-1}$ HCl，立即将滴管插入瓶中，塞紧，轻敲瓶底，放置数分钟，如果 $Ba(OH)_2$ 溶液浑浊，表示有 CO_3^{2-}	1. 如果 $Ba(OH)_2$ 溶液浑浊程度不大，可能由于吸收空气中的 CO_2 所致，需做空白实验加以比较 2. 如果试液中含有 SO_3^{2-} 或 $S_2O_3^{2-}$，会干扰 CO_3^{2-} 的检出，需预先加入几滴 H_2O_2 将它们氧化为 SO_4^{2-}，再检 CO_3^{2-}
S^{2-}	1. 取 3 滴 S^{2-} 试液，加稀 H_2SO_4 酸化，用 $Pb(Ac)_2$ 试纸检验析出的气体，试纸变黑，表示有 S^{2-}	
	2. 取 1 滴 S^{2-} 试液，放在白滴板上，加 1 滴 $Na_2[Fe(CN)_5NO]$ 试剂，溶液变紫色，表示有 S^{2-}，配合物 $Na_4[Fe(CN)_5NOS]$ 为紫色	反应须在碱性条件下进行
SO_3^{2-}	取 1 滴饱和 $ZnSO_4$ 溶液，加 1 滴 $0.1mol \cdot L^{-1}$ $K_2[Fe(CN)_6]$ 溶液，即有白色沉淀产生，继续加 1 滴 $Na_2[Fe(CN)_6NO]$，1 滴 SO_3^{2-} 试液（中性），白色沉淀转化为红色 $Zn_2[Fe(CN)_6NOSO]$ 沉淀，表示有 SO_3^{2-}	1. 酸性使沉淀消失，酸性溶液需用氨水中和 2. S^{2-} 有干扰，须预先除去
SO_4^{2-}	取 2 滴 SO_4^{2-} 试液，用 $6mol \cdot L^{-1}$ HCl 酸化，加 2 滴 $0.1mol \cdot L^{-1}$ $BaCl_2$，白色沉淀析出，表示有 SO_4^{2-}	
$S_2O_3^{2-}$	1. 取 2 滴 $S_2O_3^{2-}$ 试液，加 2 滴 $2mol \cdot L^{-1}$ HCl 溶液，微热，白色浑浊，表示有 $S_2O_3^{2-}$	
	2. 取 2 滴 $S_2O_3^{2-}$ 试液，加 5 滴 $0.1mol \cdot L^{-1}$ $AgNO_3$ 溶液，震荡，若生成的白色沉淀迅速变黄→棕→黑色，表示有 $S_2O_3^{2-}$	1. S^{2-} 存在时，$AgNO_3$ 溶液加入后，由于有 Ag_2S 沉淀生成，对观察 $Ag_2S_2O_3$ 沉淀颜色的变化率产生干扰 2. $Ag_2S_2O_3(s)$ 可溶于过量可溶性硫代硫酸盐溶液中

（续　表）

阴离子	鉴定方法	条件及干扰
Cl^-	取2滴Cl^-试液，加6mol·L^{-1} HNO_3酸化，加0.1mol·L^{-1} $AgNO_3$至沉淀完全，离心分离，在沉淀上加5~8滴银氨溶液，搅匀，加热，沉淀溶解，在加6mol·L^{-1} HNO_3酸化，白色沉淀又出现，表示有Cl^-	
Br^-	取2滴Br^-试液，加入数滴CCl_4，滴加氨水，震荡，有机层呈橙红色或橙黄色，表示有Br^-	氨水宜边滴加边震荡，若氨水过量，生成$BrCl_2$，有机层反呈浅黄色
I^-	取2滴I^-试液，加入数滴CCl_4，滴加氨水，震荡，有机层显紫色，表示有I^-	1. 反应宜在酸性、中性、或弱碱性条件下进行 2. 过量氨水将I_2氧化成IO_3^-，有机层呈紫色将褪去

11. 实验中的部分反应方程式与主要现象

（1）$2Cu^{2+} + SO_4^{2-} + 2NH_3 \cdot H_2O \xrightarrow{\quad\quad} Cu_2(OH)_2SO_4 \downarrow （蓝色） + 2NH_4^+$

$Cu_2(OH)SO_4 + 8NH_3 \xrightarrow{\quad\quad} 2[Cu(NH_3)_4]^{2+} （深蓝色） + SO_4^{2-} + 2OH^-$

$SO_4^{2-} + Ba^{2+} \xrightarrow{\quad\quad} BaSO_4 \downarrow （白色）;$

$2Ag^+ + S_2O_3^{2-} \xrightarrow{\quad\quad} Ag_2S_2O_3$

$Ag_2S_2O_3 + 3S_2O_3^{2-} \xrightarrow{\quad\quad} 2[Ag_2(S_2O_3)_2]^{3-}$

（2）$Fe^{3+} + nSCN^- \xrightarrow{\quad\quad} [Fe(SCN)_n]^{3-n} （血红色）$

（3）$NH_4^+ + OH^- \xrightarrow{\quad\quad} NH_3 \uparrow + H_2O$

$Fe^{3+} + nSCN^- \xrightarrow{\quad\quad} [Fe(SCN)_n]^{3-n} （血红色）$

$SO_4^{2-} + Ba^{2+} \xrightarrow{\quad\quad} BaSO_4 \downarrow （白色）$

（4）$Fe^{3+} + 6Cl^- \xrightarrow{\quad\quad} [FeCl_6]^{3-} （黄色）$

$[FeCl_6]^{3-} + 6SCN^- \xrightarrow{\quad\quad} [Fe(SCN)_6]^{3-} （血红色） + 6Cl^-$

$[Fe(SCN)_6]^{3-} + 6F^- \xrightarrow{\quad\quad} [FeF_6]^{3-} + 6SCN^-;$

$Ag^+ + Cl^- \xrightarrow{\quad\quad} AgCl \downarrow （白色）$

$AgCl + 2NH_3 \xrightarrow{\quad\quad} [Ag(NH_3)_2]^+ + Cl^-$

$[Ag(NH_3)_2]^+ + Br^- \xrightarrow{\quad\quad} AgBr \downarrow （淡黄色） + 2NH_3$

$AgBr + 2S_2O_3^{2-} \xrightarrow{\quad\quad} [Ag(S_2O_3)_2]^{3-} + Br^-$

$[Ag(S_2O_3)_2]^{3-} + I^- \xrightarrow{\quad\quad} AgI \downarrow （黄色） + 2S_2O_3^{2-}$

（5）$PbI_2（黄色） + 2I^- \xrightarrow{\quad\quad} [PbI_4]^{2-} （无色）;$稀释时，平衡左移；

$[Cu(NH_3)_4]^{2+} （深蓝色） + 4H^+ \xrightarrow{\quad\quad} Cu^{2+} （蓝色） + 4NH_4^+$

$[Cu(NH_3)_4]^{2+}$（深蓝色）$+2S^- =\!=\!= CuS\downarrow$（黑色）$+4NH_3$；

$2Fe^{3+}+2I^- =\!=\!= 2Fe^{2+}+I_2$（$CCl_4$层紫红色）

$Fe^{3+}+6F^- =\!=\!= [FeF_6]^{3-}$；

（6）

$$Ni^{2+}+\begin{array}{l}CH_3-C=N-OH\\CH_3-C=N-OH\end{array}+2NH_3\cdot H_2O =\!=\!= \begin{array}{c}O\cdots H-O\\CH_3-C=N\diagdown\diagup N=C-CH_3\\\quad\quad\quad Ni\\CH_3-C=N\diagup\diagdown N=C-CH_3\\O-H\cdots O\end{array}\downarrow$$

（红色）$+2NH_4^++2H_2O$

（7）$2I^-+Cl_2 =\!=\!= 2Cl^-+I_2$（$CCl_4$层紫红色）

$2Br^-+Cl_2 =\!=\!= 2Cl^-+Br_2$（$CCl_4$层橙黄色）；

$2I^-+Br_2 =\!=\!= 2Br^-+I_2$；

$NaCl(s)+H_2SO_4$（浓）$=\!=\!= NaHSO_4+HCl\uparrow$

$NaBr(s)+H_2SO_4$（浓）$=\!=\!= NaHSO_4+HBr\uparrow$

$2HBr+H_2SO_4$（浓）$=\!=\!= SO_2\uparrow+Br_2\uparrow+2H_2O$

$NaI(s)+H_2SO_4$（浓）$=\!=\!= NaHSO_4+HI$

$8HI+H_2SO_4$（浓）$=\!=\!= H_2S+4I_2+4H_2O$

（8）ClO^-+HCl（浓）$=\!=\!= Cl^-+H_2O+Cl_2\uparrow$

$Mn^{2+}+ClO^-+2OH^- =\!=\!= MnO_2\downarrow$（棕褐色）$+Cl^-+H_2O$

$2I^-+ClO^-+2H^+ =\!=\!= Cl^-+H_2O+I_2$

$ClO_3^-+5Cl^-+6H^+ =\!=\!= 3H_2O+3Cl_2\uparrow$

$ClO_3^-+6I^-+6H^+ =\!=\!= Cl^-+3H_2O+3I_2\uparrow$

$5ClO_3^-+3H_2O+3I_2 =\!=\!= 6IO_3^-+6H^++5Cl^-$

$2KClO_3(s)+3S(s) =\!=\!= 2KCl+3SO_2\uparrow$

（9）$Ag^++Cl^- =\!=\!= AgCl\downarrow$（白色）

$Ag^++Br^- =\!=\!= AgBr\downarrow$（淡黄色）

$Ag^++I^- =\!=\!= AgI\downarrow$（黄色）

$AgCl(s)+2NH_3\cdot H_2O =\!=\!= [Ag(NH_3)_2]^++Cl^-+2H_2O$

$AgBr(s)+2Na_2S_2O_3 =\!=\!= [Ag(S_2O_3)_2]^{3-}+Br^-+4Na^+$

（10）$[Ag(NH_3)_2]^++Cl^-+2H^+ =\!=\!= AgCl\downarrow(s)+2NH_4^+$

$2I^-+Cl_2 =\!=\!= 2Cl^-+I_2$（$CCl_4$层紫红色）

$2Br^-+Cl_2 =\!=\!= 2Cl^-+Br_2$（$CCl_4$层橙黄色）

（11）$AgCl(s)+(NH_4)_2CO_3 =\!=\!= [Ag(NH_3)_2]^++2H_2O+Cl^-+CO_2\uparrow$

$$2AgBr(s) + Zn(s) = 2Ag\downarrow + 2Br^- + Zn^{2+}$$

$$2AgI(s) + Zn(s) = 2Ag\downarrow + 2I^- + Zn^{2+}$$

(12) $2Fe^{3+} + 2I^- = 2Fe^{2+} + I_2$(CCl₄层显紫红色)

$$K^+ + Fe^{2+} + [Fe(CN)_6]^{3-} = [KFe(CN)_6Fe]\downarrow$$（蓝色）

$$Fe^{3+} + [Fe(CN)_6]^{3-} = Fe[Fe(CN)_6]\downarrow$$（棕色）

$$2Fe^{2+} + Br_2 = 2Fe^{3+} + 2Br^-$$（无色）

电极电势大小顺序为:$Br_2/Br^- > Fe^{3+}/Fe^{2+} > I_2/I^-$,$Br_2$是最强的氧化剂,$I^-$是最强的还原剂。

(13) $6Fe^{2+} + ClO_3^- + 6H^+ = 6Fe^{3+} + Cl^- + 3H_2O$

$$K^+ + Fe^{3+} + [Fe(CN)_6]^{4-} = [KFe(CN)_6Fe]\downarrow$$（蓝色）

氧化剂$KClO_3$必须在酸性溶液中才能起氧化作用。

$$2MnO_4^- + 3SO_3^{2-} + H_2O = 2MnO_2(棕黑色)\downarrow + 3SO_4^{2-} + 2OH^-$$

$$2MnO_4^- + 5SO_3^{2-} + 6H^+ = 2Mn^{2+}(肉色) + 5SO_4^{2-} + 3H_2O$$

$$3MnO_4^- + SO_3^{2-} + 2OH^- = 2MnO_4^{2-}(绿色) + SO4^{2-} + H_2O$$

$$3MnO_4^- + 2H_2O = 2MnO_4^- + MnO_2\downarrow + 4OH^-;$$

$$AsO_3^{3-} + I_2 + 2OH^- = AsO_4^{3-} + 2I^- + H_2O$$

溶液先呈无色,后呈紫色,其原因是:溶液pH影响砷元素的电极电势,碱性溶液使其电极电势升高并不大于碘元素的电极电势,反应向右进行,酸化则相反,使反应向左进行。

(14) 正极 $Cu^{2+} + 2e^- \longrightarrow Cu$ 负极 $Zn + 2e^- \longrightarrow Zn^{2+}$

原电池 $Cu^{2+} + Zn \longrightarrow Cu + Zn^{2+}$

往$ZnSO_4$溶液中加入$NH_3\cdot H_2O$由于$[Zn(NH_3)_4]^{2+}$的生成降低了Zn^{2+}浓度,进而降低了负极的电极电势,使电动势增加;往$CuSO_4$溶液中加入$NH_3\cdot H_2O$,由于$[Cu(NH_3)_4]^{2+}$的生成降低了Cu^{2+}浓度,进而降低了正极的电极电势,使电动势降低。

(15) 阳极 $Cu + 2e \longrightarrow Cu^{2+}$ 阴极 $2H_2O + 2e \longrightarrow H_2 + 2OH^-$（红色）

(16) 阳极 $Cu + 2e \longrightarrow Cu^{2+}$ 粗铜棒溶解

阴极 $Cu^{2+} + 2e \longrightarrow Cu$ 碳棒表面有 $Cu\downarrow$

$$Cu（阳极）\xrightarrow{\text{电镀}} Cu（阴极）$$

(17) Fe-Zn 腐蚀电池——金属锌被腐蚀.

正极 $2H_2O + O_2 + 4e \longrightarrow 4OH^-$（红色）

负极 $Zn + 2e \longrightarrow Zn^{2+}$

$$3Zn^{2+} + 2[Fe(CN)_6]^{2-} \longrightarrow Zn_3[Fe(CN)_6]_2$$（黄色）

Fe-Zn腐蚀电池——金属铁被腐蚀.

正极 $2H_2O + O_2 + 4e \longrightarrow 4OH^-$(红色)

负极 $Zn + 2e \longrightarrow Zn^{2+}$

$3Zn^{2+} + 2[Fe(CN)_6]^{2-} \longrightarrow Zn_3[Fe(CN)_6]_2$(黄色)

(18)$Ba^{2+} + SO_4^{2-} =\!=\!= BaSO_4\downarrow$(白色)

$Pb^{2+} + 2I^- =\!=\!= PbI_2\downarrow$(黄色)

$Pb^{2+} + 2I^- =\!=\!= PbI_2\downarrow$(白色)

(19)$Ag^+ + Cl^- =\!=\!= AgCl\downarrow$(白色)

$2Ag^+ + CrO_4^{2-} =\!=\!= Ag_2CrO_4\downarrow$(黄色);

$Pb^{2+} + CrO_4^{2-} =\!=\!= PbCrO_4\downarrow$(黄色)

$2Ag^+ + CrO_4^{2-} =\!=\!= AgCrO_4\downarrow$(砖红色)

(20)$2Ag^+ + CrO_4^{2-} =\!=\!= Ag_2CrO_4\downarrow$(砖红色)

$Ag_2CrO_4 + 2Cl^- =\!=\!= 2AgCl + CrO_4^{2-}$;

$Pb^{2-} + SO_4^{2-} =\!=\!= PbSO_4\downarrow$(白色)

$PbSO_4 + CrO_4^{2-} =\!=\!= PbCrO_4$(黄色)$+ SO_4^{2-}$

(21)$Mg^{2+} + 2NH_3 \cdot H_2O =\!=\!= Mg(OH)_2\downarrow$(白色)$+ 2NH_4^+$

$Mg(OH)_2 + 2HCl =\!=\!= MgCl_2 + 2H_2O$

$Mg(OH)_2 + 2NH_4^+ =\!=\!= Mg^{2+} + 2NH_3 \cdot H_2O$;

$Ba^{2+} + CO_3^{2-} =\!=\!= BaCO_3\downarrow$(白色)

$Ba^{2+} + CrO_4^{2-} =\!=\!= BaCrO_4\downarrow$(黄色)

$Ba^{2+} + SO_4^{2-} =\!=\!= BaSO_4\downarrow$(白色)

在 $2mol \cdot L^{-1}HAc$ 中:$BaCO_3 + 2HAc =\!=\!= Ba^{2+} + 2Ac^- + CO_2\uparrow + H_2O$

在 $2mol \cdot L^{-1}HCl$ 中:$BaCrO_4 + 2H^- =\!=\!= Ba^{2+} + H_2CrO_4$

$BaSO_4$沉淀在 $2mol \cdot L^{-1}HAc$ 中、$6mol \cdot L^{-1}HCl$ 中都不溶。

(22)$Ba^{2+} + SO_4^{2-} =\!=\!= BaSO_4$(白色)

$Cu^{2+} + 4NH_3 \cdot H_2O =\!=\!= [Cu(NH_3)_4]^{2+}$(深蓝色)$+ 4H_2O$

$Mg^{2+} + 2NH_3 \cdot H_2O =\!=\!= Mg(OH)_2\downarrow$(白色)$+ 2NH_4^+$;

$Ag^+ + Cl^- =\!=\!= AgCl\downarrow$(白色)

$Fe^{3+} + 3OH^- =\!=\!= Fe(OH)_3\downarrow$(棕褐色)

$Al^{3+} + 4OH^- =\!=\!= AlO_2^- + 2H_2O$

(23)$TiO^{2+} + 2NH_3 + 3H_2O =\!=\!= Ti(OH)_4\downarrow$(白色)$+ 2NH_4^+$

$Ti(OH)_4 + 2H^+ =\!=\!= TiO^{2+} + 3H_2O$

$Ti(OH)_4 + 2NaOH$(浓)$=\!=\!= Na_2TiO_3 + 3H_2O$

说明 $Ti(OH)_4$呈两性;

$2TiO^{2+}+Zn+4H^+ = 2Ti^{3+}(紫色)+Zn^{2+}+2H_2O$

$Ti^{3+}+Cu^{2+}+Cl^- +H_2O = CuCl_2↓(白色)+TiO^{2+}+2H^+;$

$TiO^{2+}+2H_2O = H_2TiO_3↓(白色)+2H^+$

$TiO^{2+}+H_2O_2 = [TiO(H_2O_2)]^{2+}(橙黄色)$

（24）$Cr^{3+}+3OH^- = Cr(OH)_3↓(灰蓝色)$，$Cr(OH)_3$呈两性

加H^+溶液颜色无变化。

$2[Cr(OH)_4]^- +2H_2O_2+2OH^- = 2CrO_4^{2-}(黄色)+8H_2O$

$Cr_2O_7^{2-}(？？)+2OH^- \xrightleftharpoons[H^+]{OH^-} 2CrO_4^{2-}(？？)+H_2O$

$2Ag^+ +CrO_4^{2-} = Ag_2CrO_4↓(砖红色)$

$Ba^{2+}+CrO_4^{2-} = BaCrO_4↓(柠檬黄色)$

$Pb^{2+}+CrO_4^{2-} = PbCrO_4↓(黄色)$

$Cr_2O_7^{2-}+4Ag^+ +H_2O = 2Ag_2CrO_4↓(砖红色)+H^+$

$Cr_2O_7^{2-}+2Ba^{2+}+H_2O = 2BaCrO_4(柠檬黄色)+2H^+$

$Cr_2O_7^{2-}+2Pb^{2+}+H_2O = 2PbCrO_4↓(黄色)+2H^+$

$Cr_2O_7^{2-}+6Fe^{2+}+14H^+ = 2Cr^{3+}(绿色)+6Fe^{3+}+7H_2O$

$2[Cr(OH)_4]+3H_2O_2+2OH^- = 2CrO4^{2-}(黄色)+8H_2O$

$2CrO_4^{2-}+2H^+ = Cr_2O_7^{2-}(橙色)+H_2O$

$Cr_2O_7^{2-}+4H_2O_2+2H^+ = 2CrO_5+5H_2O$

CrO_5在乙醚层中呈蓝色

（25）$Mn^{2+}+2OH^- = Mn(OH)_2↓(白色)$

$2Mn(OH)_2+2O_2 = MnO(OH)_2↓(棕色)$

$MnO(OH)_2$呈碱性，在空气中不稳定；

$2MnO_4^- +3Mn^{2+}+2H_2O = 5MnO_2↓(棕黑色)+4H^+$

$MnO_2(s)+4HCl(浓) = MnCl_2+Cl_2↑+2H_2O$

Cl_2使KI淀粉试纸变蓝色；

$2MnO_4^- +MnO_2(s)+4OH^- = 3MnO_4^{2-}(绿色)+2H_2O;$

$2Mn^{2+}+5NaBiO_3(s)+14H^+ = 2MnO_4^-(紫色)+5Bi^{3+}+5Na^+ +7H_2O$

（26）$Fe^{2+}+2OH^- = Fe(OH)_2↓$

$Fe(OH)_2+2H^+ = Fe^{2+}+2H_2O$

$4Fe(OH)_2+O_2+2H_2O = 4Fe(OH)_3↓(棕色)$

$Co^{2+}+2OH^- = Co(OH)_2↓$

$Co(OH)_2+2H^+ = Co^{2+}+2H_2O$

$4Co(OH)_2+O_2+2H_2O = 4Co(OH)_3↓(棕色)$

$Ni^{2+}+2OH^- = Ni(OH)_2↓(苹果绿色)$

$Ni(OH)_2 + 2H^+ \rlap{=}{=} Ni^{2+} + 2H_2O$

（27）$Fe^{3+} + 3OH^- \rlap{=}{=} Fe(OH)_3\downarrow$（红棕色）

$Fe(OH)_3 + 3H^+ \rlap{=}{=} Fe^{3+} + 2H_2O$；

$2Co^{2+} + 2Br_2 + 2OH^- \rlap{=}{=} Co(OH)_3\downarrow$（棕色）$+ 2Br^-$

$2Co(OH)_3 + 10Cl^- + 6H^+ \rlap{=}{=} 2[CoCl_4]^{2-}$（深蓝色）$+ Cl_2\uparrow + 6H_2O$

$2Ni^{2+} + 2Br_2 + 2OH^- \rlap{=}{=} Ni(OH)_3\downarrow$（黑色）$+ 2Br^-$

$2Ni(OH)_3 + 6Cl^- + 6H^+ \rlap{=}{=} 2NiCl_2$（深蓝色）$+ Cl_2\uparrow + 6H_2O$

（28）$Fe^{3+} + K^+ + [Fe(CN)_6]^{4-} \rlap{=}{=} [KFe(CN)_6Fe]\downarrow$（蓝色）

$Fe^{3+} + nSCN^- \rlap{=}{=} [Fe(SCN)_n]^{3-n}$（血红色）

$Co^{2+} + 4SCN^- \rlap{=}{=} [Co(SCN)_4]^{2-}$（血红色）

$Co^{2+} + NH_3 \cdot H_2O + Cl^- \rlap{=}{=} Co(OH)Cl\downarrow$（蓝色）$+ NH_4^+$

$Co(OH)Cl + 6NH_3 \rlap{=}{=} [Co(NH_3)_6]^{2-}$（土黄色）$+ OH^- + Cl^-$

$4[Co(NH_3)_6]^{2-} + O_2 + 2H_2O \rlap{=}{=} 4[Co(NH_3)_5]^{3+}$（红棕色）$+ 4OH^-$

$CoCl_2 \cdot 6H_2O$（粉红色）$\xrightarrow{325k} CoCl_2 \cdot 2H_2O$（浅粉红色）

$\xrightarrow{363k} CoCl_2 \cdot H_2O$（蓝紫色）$\xrightarrow{363k} CoCl_2$（蓝色）

$2Ni^{2+} + 2NH_3 \cdot H_2O + SO_4^{2-} \rlap{=}{=} Ni_2(OH)_2SO_4\downarrow$（绿色）$+ 2NH_4^+$

$Ni_2(OH)_2SO_4 + 12NH_3 \rlap{=}{=} 2[Ni(NH_3)_6]^{2+}$（蓝色）$+ SO_4^{2-} + 2OH^-$

（红色）$+ 2NH_4^+ + 2H_2O$

（29）$Fe^{2+} + S^{2-} \rlap{=}{=} FeS\downarrow$（黑色）

$Co^{2+} + S^{2-} \rlap{=}{=} CoS\downarrow$（黑色）

$Ni^{2+} + S^{2-} \rlap{=}{=} NiS\downarrow$（黑色）

$FeS + 2H^+ \rlap{=}{==} Fe^{3+} + H_2S\uparrow$

（30）$Cu^{2+} + 2OH^- \rlap{=}{=} Cu(OH)_2\downarrow$（天蓝色）

$Cu(OH)_2 + 2H^+ \rlap{=}{=} Cu^{2+}$（蓝色）$+ 2H_2O$

$Cu(OH)_2 + 2OH^- \rlap{=}{=} [Cu(OH)_4]^{2-} Cu(OH)_2$呈两性

$Cu(OH)_2 \rlap{=}{=} CuO$（黑色）$+ H_2O$

$2Ag^+ + 2OH^- \rlap{=}{=} Ag_2O\downarrow$（棕色）$+ H_2O Ag_2O$呈碱性

$Zn^{2+} + 2OH^- \rlap{=}{=} Zn(OH)_2$（白色）$Zn(OH)_2$呈两性

$Cd^{2+} + 2OH^- \rlap{=}{=} Cd(OH)_2$（白色）$Cd(OH)_2$呈碱性

$Hg^{2+} + 2OH^- \rlap{=}{=} HgO\downarrow$（黄色）$+ H_2O HgO$呈碱性

$Hg_2^{2+} + 2OH^- \rlap{=}{=} Hg_2O\downarrow$（黑色）$+ H_2O Hg_2O$呈碱性

（31）$Cu(OH)_2 + 4NH_3 =\!=\!=\!= [Cu(NH_3)_4](OH)_2$（深蓝色）

$AgCl + NH_3 =\!=\!=\!= [Cu(NH_3)_2]Cl$（无色）

$[Ag(NH_3)_2]^+ + Br^- =\!=\!=\!= AgBr\downarrow$（浅黄色）$+ Br^-$

$Zn^{2+} + 2NH_3 \cdot H_2O =\!=\!=\!= Zn(OH)_2\downarrow$（白色）$+ 2NH_4^+$

$Zn(OH)_2 + 4NH_3 =\!=\!=\!= [Zn(NH_3)_4](OH)_2$（无色）

$Cd^{2+} + 2NH_3 \cdot H_2O =\!=\!=\!= Cd(OH)_2\downarrow$（白色）$+ 2NH_4^+$

$Cd(OH)_2 + 4NH_3 =\!=\!=\!= [Cd(NH_3)_4](OH)_2$（无色）；

$HgCl_2 + 2NH_3 =\!=\!=\!= HgNH_2Cl\downarrow$（白色）$+ NH_4Cl$

$HgNH_2Cl$ 不溶于 $2mol \cdot L^{-1}NH_3 \cdot H_2O$

$2Hg(NO_3)_2 + 4NH_3 + H_2O =\!=\!=\!= HgO \cdot HgNH_2NO_3\downarrow$（白色）$+ 2NH_4NO_3$

$HgO \cdot HgNH_2NO_3$ 溶于加有少许固体 NH_4NO_3 的 $6mol \cdot L^{-1}NH_3 \cdot H_2O$

（32）$2Cu^{2+} + 4I^- =\!=\!=\!= 2CuI\downarrow$（白色）$+ I_2$

$Cu^{2+} + Cu + 4Cl^- =\!=\!=\!= 2[CuCl_2]^-$（土黄色）

$2[CuCl_2]^- \xrightarrow{H_2O} 2CuCl$（白色）$+ 2Cl^-$

$Hg_2^{2+} + 2I^- =\!=\!=\!= Hg_2I_2\downarrow$（黄绿色）

$Hg_2I_2 + 2I^- =\!=\!=\!= [HgI_4]^{2-}$（无色）$+ Hg\downarrow$（黑色）

（33）$2Cu^{2+} + [Fe(CN)_6]^{4-} =\!=\!=\!= Cu_2[Fe(CN)_6]\downarrow$（总棕色）；

$Ag^+ + Cl^- =\!=\!=\!= AgCl\downarrow$（白色）

$AgCl(s) + 2NH_3 =\!=\!=\!= [Ag(NH_3)_2]Cl$（无色）

$[Ag(NH_3)_2]^+ + I^- =\!=\!=\!= AgI\downarrow$（黄色）$+ 2NH_3$

$Zn^{2+} + 2HDz =\!=\!=\!= [Zn(Dz)_2]$（粉红色）$+ 2H^+$

$Cd^{2+} + H_2S =\!=\!=\!= CdS\downarrow$（黄色）$+ 2H^+$；

$2HgCl_2 + Sn^{2+} =\!=\!=\!= Hg_2Cl_2\downarrow$（白色）$+ Sn^{4+} + 2Cl^-$

$Hg_2Cl_2 + Sn^{2+} =\!=\!=\!= 2Hg\downarrow$（黑色）$+ Sn^{4+} + 2Cl^-$

（34）$CH_3CSNH_2 + 2H_2O + H^+ =\!=\!=\!= CH_3COOH + NH_4^+ + H_2S\uparrow$

$H_2S + Pb^{2+} =\!=\!=\!= PbS\downarrow$（黑色）$+ 2H^+$

$2MnO_4^- + 5H_2S + 6H^+ =\!=\!=\!= 2Mn^{2+} + 5S\downarrow$（浅黄色）$+ 8H_2O$

$2Fe^{3+} + H_2S =\!=\!=\!= 2Fe^{2+} + S\downarrow$（浅黄色）$+ 2H^+$

$Zn^{2+} + S^{2-} =\!=\!=\!= ZnS\downarrow$（白色）

$Cd^{2+} + S^{2-} =\!=\!=\!= CdS\downarrow$（黄色）

$Cu^{2+} + S^{2-} =\!=\!=\!= CuS\downarrow$（黑色）

$Hg^{2+} + S^{2-} =\!=\!=\!= HgS\downarrow$（黑色）

$ZnS + 2H^+(2mol \cdot L^{-1}) =\!=\!=\!= Zn^{2+} + H_2S\uparrow$

$CdS + 2HCl(6mol \cdot L^{-1}) =\!=\!=\!= Cd^{2+} + H_2S\uparrow + 2Cl^-$

$3CuS + 8H^+ + 2NO_3^- \Longrightarrow 3Cu^{2+} + 3S\downarrow（浅黄色）+ 2NO\uparrow + 4H_2O$

$3HgS + 8H^+ + 2NO_3^- + 12Cl^- \Longrightarrow 3[HgCl_4]^{2-} + 3S\downarrow（浅黄色）+ 2NO\uparrow + 4H_2O$

$S^{2-} + [Fe(CN)_5NO]^{2-} \Longrightarrow [Fe(CN)_5NOS]^{4-}$

（35）$SO_3^{2-} + 2H^+ \Longrightarrow SO_2\uparrow + H_2O$

$2S_2O_3^{2-} + I_2 + 2OH^- \Longrightarrow S_4O_6^{2-} + 2I^- + H_2O$

$S_2O_3^{2-} + 2H_2S + 2H^+ \Longrightarrow 3S\downarrow（浅黄色）+ 3H_2O$

（36）$S_2O_3^{2-} + 2H^+ \Longrightarrow S\downarrow（浅黄色）+ SO_2\uparrow + H_2O$

$2S_2O_3^{2-} + I_2 \Longrightarrow S_4O_6^{2-} + 2I^-$

$S_2O_3^{2-} + 4ClO^- + 2OH^- \Longrightarrow 2SO_4^{2-} + 2Cl^- + H_2O$

$S_2O_3^{2-} + 2Ag^+ \Longrightarrow Ag_2S_2O_3\downarrow（白色）$

$Ag_2S_2O_3 + H_2O \Longrightarrow Ag_2S\downarrow（黑色）+ H_2SO_4$

（37）$Pb_3O_4（橙红）+ 4H^+ \Longrightarrow PbO_2\downarrow（棕红）+ 2Pb^{2+} + 2H_2O$

$Pb^{2+} + CrO_4^{2-} \Longrightarrow PbCrO_4\downarrow（黄色）$

$PbO_2 + HCl（浓）\Longrightarrow PbCl_2 + Cl_2\uparrow + 2H_2O$（$Cl_2$可使$KI^-$淀粉试纸变蓝）

（38）$PbO_3^{3-} + I_2（棕红）+ 2OH^- \underset{H^+}{\overset{OH^-}{\rightleftharpoons}} PbO_4^{3-} + 2I^- + 2H_2O$

$[Sb(OH)_6]^{3-} + 2[Ag(NH_3)_2]^+ \Longrightarrow [Pb(OH)_6]^- + 2Ag\uparrow（灰黑色）+ 4NH_3\uparrow$

$Bi(OH)_3 + Cl_2 + 3OH^- + Na^+ \Longrightarrow NaBiO_3\downarrow（棕黄色）+ 2Cl^- + 3H_2O$

$2Mn^{2+} + 5NaBiO_3(s) + 14H^+ \Longrightarrow 2MnO_4^- + 5Bi^{3+} + 5Na^+ + 7H_2O$

（39）$2Sb^{3+} + 3S^{2-} \Longrightarrow Sb_2S_3\downarrow（橙红）$

$Sb_2S_3 + 12Cl^- + 6H^+ \Longrightarrow 2[SbCl_6]^{3-} + 3H_2S\uparrow$

$Sb_2S_3 + 3S^{2-} \Longrightarrow 2[SbS_3]^{3-}$

$2[SbS_3]^{3-} + 6H^+ \Longrightarrow Sb_2S_3\downarrow（橙红）+ 3H_2S$

$2Bi^{3+} + 3S^{2-} \Longrightarrow Bi_2S_3\downarrow（黑色）$

$Bi_2S_3 + 8Cl^- + 6H^+ \Longrightarrow 2[BiCl_4]^- + 3H_2S\uparrow$

$3Sn + 2Sb^{3+} \Longrightarrow 3Sn^{3+} + 2Sb\downarrow（黑色）$

（40）$2HNO_2 \Longrightarrow H_2O + N_2O_3（蓝色）\Longrightarrow H_2O + NO\uparrow + NO_2\uparrow（棕色）$

$2NO_2^- + 2I^- + 4H^+ \Longrightarrow 2NO_2\uparrow + I_2 + 2H_2O$

$5NO_2^- + 2MnO_4^-（紫红色）+ 6H^+ \Longrightarrow 5NO_3^- + 2Mn^{2+} + 3H_2O$

$Ag^+ + 2NO_2^- \Longrightarrow AgNO_2\downarrow（浅黄色）$

（41）$S + 2HNO_3（浓）\Longrightarrow H_2SO_4 + 2NO\uparrow$

$Cu + 4HNO_3（浓）\Longrightarrow Cu(NO_3)_2 + 2NO_2\uparrow$

$3Cu + 8HNO_3（稀）\Longrightarrow 3Cu(NO_3)_2 + 2NO_2\uparrow + 4H_2O$

$4Zn + 10HNO_3（极稀）\Longrightarrow 4Zn(NO_3)_2 + 2NO_2\uparrow + 4H_2O$

(42)$2NaNO_3(s) \xrightarrow{\Delta} 2NaNO_2 + O_2\uparrow$

$2Cu(NO_3)_2(s) \xrightarrow{\Delta} 2CuO(黑色) + 4NO_2\uparrow(棕色) + O_2\uparrow$

(43)$3Ag^+ + PO_4^{3-} == Ag_3PO_4\downarrow(黄色)$

$3Ag + HPO_4^{2-} == Ag_3PO_4\downarrow(黄色) + H^+$

$3Ag + H_2PO_4^- == Ag_3PO_4\downarrow(黄色) + 2H^+$

$2PO_4^{3-} + 3Ca^{2+} == Ca_3(PO_4)_2\downarrow(白色)$

$HPO_4^{2-} + Ca^{2+} == CaHPO_4\downarrow(白色)$

$Ca^{2+} + H_2PO_4^- + NH_3\cdot H_2O == CaHPO_4\downarrow(白色) + NH_4^+ + H_2O$

$3Ca^{2+} + 2H_2PO_4^- + 4NH_3\cdot H_2O == Ca_3(PO_4)_2\downarrow(白色) + 4NH_4^+ + 4H_2O$

$CaHPO_4 + H^+ == Ca^{2+} + H_2PO_4^-$

$Ca_3(PO_4)_2 + 4H^+ == 3Ca^{2+} + 2H_2PO_4^-$

(44)$P_4O_{10} + 2H_2O == (HPO_3)_4$

$(HPO_3)_4 + 4H_2O \xrightarrow{HNO_3} 4H_3PO_4$

(45)$PO_3^- + Ag^+ == AgPO_3\downarrow(白色)$

$PO_4^{3-} + 3Ag^+ == Ag_3PO_4\downarrow(白色)$

$P_2O_7^{4-} + 4Ag^+ == Ag_4P_2O_7\downarrow(白色)$

(46)$NH_4^+ + OH^- == NH_3 + H_2O$

$$NH_4^+ + 2[HgI_4]^{2-} + 4OH^- == \left[O\begin{smallmatrix}Hg\\ \\Hg\end{smallmatrix}NH_2\right]\downarrow(?\ ?\ ?) + 3H_2O + 7I^-$$

$3Fe^{2+} + NO_3^- + 4H^+ == 3Fe^{3+} + 2H_2O + NO\uparrow$

$NO + FeSO_4 == [Fe(NO)]SO_4(棕色)$

$Fe^{2+} + NO_2^- + 2HAc == Fe^{3+} + NO\uparrow + 2Ac^- + H_2O$

$NO + FeSO_4 == [Fe(NO)]SO_4(棕色)$

$PO_4^{3-} + 3NH_4^+ + 12MoO_4^{2-} \xrightarrow{\Delta} (NH_4)_3PO_4\cdot 12MoO_3\cdot 6H_2O\downarrow(黄色) + 6H_2O;$

$PbSO_4 + 2Ac^- == Pb(Ac)_2 + SO_4^{2-}$

$PbI_2 + 2I^- == [PbI_4]^{2-}$

$2PbCrO_4 + 2H^+ == 2Pb^{2+} + Cr_2O_7^{2-} + H_2O$

$PbCrO_4 + 4OH^- == [Pb(OH)_4]^{2-} + CrO_4^{2-}$

(47)$Sn^{2+} + 2OH^- == Sn(OH)_2\downarrow(白色)$

$Sn(OH)_2 + 2H^+ == Sn^{2+} + 2H_2O$

$Sn(OH)_2 + 2OH^- == [Sn(OH)_4]^{2-}(或 SnO_2^{2-} + 2H_2O)$

结论:$Sn(OH)_2$呈两性。

$Pb(OH)_2$呈两性(反应式略)。

$Pb^{3+}+3OH^-\!\!=\!\!=\!\!=\!Pb(OH)_3(白色)$

$Pb(OH)_3+3H^+\!\!=\!\!=\!\!=\!Pb^{3+}+2H_2O$

$Pb(OH)_3+3OH^-\!\!=\!\!=\!\!=\![Pb(OH)_6]^{3-}(或\ PbO_3^{3-}+3H_2O)$

$Bi^{3+}+3OH^-\!\!=\!\!=\!\!=\!Bi(OH)_3(白色)$

$Bi(OH)_3+3H^+\!\!=\!\!=\!\!=\!Bi^{3+}+2H_2O$

结论：$Pb(OH)_3$呈两性，$Bi(OH)_3$呈碱性。

$$\begin{matrix}Sn(OH)_2\\Pb(OH)_2\end{matrix}\Bigg\downarrow\ ????\quad\begin{matrix}Sb(OH)_3\\Bi(OH)_3\end{matrix}\Bigg\downarrow\ ????$$

（48）$2HgCl_2+Sn^{2+}\!\!=\!\!=\!\!=\!Hg_2Cl_2\downarrow(白色)+Sn^{4+}+2Cl^-$

$Hg_2Cl_2+Sn^{2+}\!\!=\!\!=\!\!=\!2Hg\downarrow(黑色)+Sn^{4+}+2Cl^-$；

$2Bi(OH)_3+3[Sn(OH)_4]^{2-}\!\!=\!\!=\!\!=\!2Bi\downarrow(黑色)+3[Sn(OH)_6]^{2-}$

$2Mn^{2+}+5PbO_2(s)+4H^+\!\!=\!\!=\!\!=\!2MnO_4^-+5Pb^{2+}+2H_2O$

$PbO_2+HCl(浓)\!\!=\!\!=\!\!=\!PbCl_2+Cl_2\uparrow(黄绿色)+2H_2O$

（49）$Pb^{2+}+2Cl^-\!\!=\!\!=\!\!=\!PbCl_2\downarrow(白色)(易溶于热水、浓\ HCl\ 中)$

$Pb^{2+}+SO_4^{2-}\!\!=\!\!=\!\!=\!PbSO_4\downarrow(白色)(易溶于\ NH_4Ac\ 中)$

$Pb^{2+}+2I^-\!\!=\!\!=\!\!=\!PbI_2\downarrow(黄色)(易溶于浓\ KI\ 中)$

$Pb^{2+}+CrO_4^{2-}\!\!=\!\!=\!\!=\!PbCrO_4\downarrow(黄色)(易溶于稀\ HNO_3\ 和浓\ NaOH\ 中)$

$Pb^{2+}+S^{2-}\!\!=\!\!=\!\!=\!PbS\downarrow(黑色)(易溶于浓\ HNO_3\ 中)$

（50）$PbCl_2\xrightarrow{热水}Pb^{2+}+2Cl^-$

$PbCl_2+HCl(浓)\!\!=\!\!=\!\!=\![PbCl_4]^{2-}+2H^+$

12. 实验中部分离子的分离鉴定方法

（1）Al^{3+}、Cu^{2+}、Ag^+

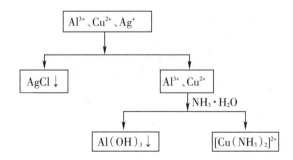

（2）Ag^+、Cu^{2+}、Zn^{2+}

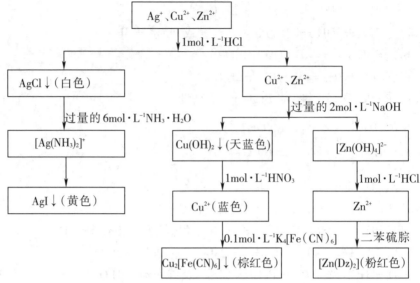

（3）Cr^{3+}、Mn^{2+}

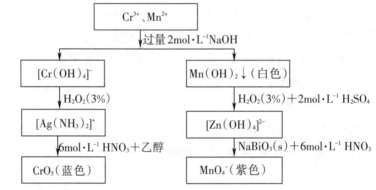

（4）Sn^{2+}、Pb^{2+}

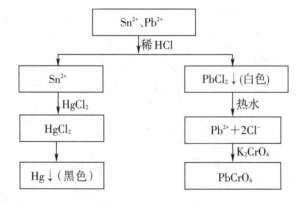

（5）Sb^{3+}、Bi^{3+}

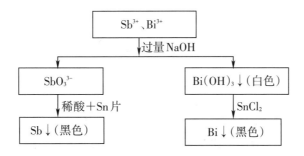

参考文献

[1] 中国标准出版社第五编辑室. 化学实验室常用标准汇编. 北京：中国标准出版社, 2006.

[2] 王志坤, 吕健全. 化学实验(上)—无机及分析化学实验. 成都：电子科技大学出版社, 2007.

[3] 陈学泽. 无机及分析化学实验(第二版). 北京：中国林业出版社, 2007.

[4] 李方实, 刘宝春, 张娟. 无机化学与化学分析实验. 北京：化学工业出版社, 2006.

[5] 南京大学无机及分析化学实验教学组. 无机及分析化学实验. 北京：高等教育出版社, 2006.

[6] 大连理工大学无机化学教研室. 无机化学实验. 北京：高等教育出版社, 2006.

[7] 华中师范大学. 分析化学实验. 北京：高等教育出版社, 2001.

[8] 武汉大学. 分析化学实验. 北京：高等教育出版社, 2001.

[9] 胡满成, 张昕. 化学基础实验. 北京：科学出版社, 2001.

[10] 孙毓庆. 分析化学实验. 北京：科学出版社, 2004.

[11] 严拯宇. 分析化学实验与指导. 北京：中国医药科技出版社, 2005.

[12] 朱玲, 徐春祥. 无机化学实验. 北京：高等教育出版社, 2005.

[13] 李丽娟. 化工实验及开发技术. 北京：化学工业出版社, 2002.

[14] 金谷, 万权. 定量分析化学实验. 合肥：中国科学技术大学出版社, 2005.

[15] 刘书钗. 制浆造纸分析与检测. 北京：化学工业出版社, 2004.